Fachwissen Logistik

Reihe herausgegeben von
K. Furmans
Karlsruhe, Deutschland

C. Kilger
Saarbrücken, Deutschland

H. Tempelmeier
Köln, Deutschland

M. ten Hompel
Dortmund, Deutschland

T. Schmidt
Dresden, Deutschland

Horst Tempelmeier
Hrsg.

Modellierung logistischer Systeme

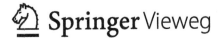 Springer Vieweg

Hrsg.
Horst Tempelmeier
Seminar für Supply Chain Management
und Produktion
Universität zu Köln
Köln
Deutschland

Fachwissen Logistik
ISBN 978-3-662-57770-7   ISBN 978-3-662-57771-4 (eBook)
https://doi.org/10.1007/978-3-662-57771-4

Die Deutsche Nationalbibliothek verzeichnet diese Publikation in der Deutschen Nationalbibliografie; detaillierte bibliografische Daten sind im Internet über http://dnb.d-nb.de abrufbar.

Springer Vieweg
© Springer-Verlag GmbH Deutschland, ein Teil von Springer Nature 2018

Springer Vieweg ist ein Imprint der eingetragenen Gesellschaft Springer-Verlag GmbH, DE und ist ein Teil von Springer Nature.
Die Anschrift der Gesellschaft ist: Heidelberger Platz 3, 14197 Berlin, Germany

Inhaltsverzeichnis

Simulation logistischer Systeme

Sigrid Wenzel

Die Untersuchung dynamischer bzw. – genauer formuliert – *zeitvarianter* (d. h., sich über die Zeit verändernder) Sachverhalte wird in vielen Bereichen der Ingenieur-, Natur- und Wirtschaftswissenschaften über die Methodik der Simulation unterstützt. Auch in der Logistik hat die Simulation zur methodischen Absicherung der Planung, Steuerung und Überwachung der Material-, Personen-, Energie- und Informationsflüsse seit Jahren ihren berechtigten Stellenwert. Bereits 1993 wurde die Bandbreite unterschiedlicher Anwendungen für Produktion und Logistik ausführlich in (Kuhn et al. 1993) dargestellt. Universitäten, Forschungsinstitute und Industrieunternehmen, insbesondere aber auch Gremien wie der Fachausschuss FA 204 „Modellierung und Simulation" der VDI-Gesellschaft Produktion und Logistik (GPL) sowie die Fachgruppe „Simulation in Produktion und Logistik" der Arbeitsgemeinschaft Simulation (ASIM) in der Gesellschaft für Informatik e. V., haben mit ihren Arbeiten in den vergangenen Jahren den Verbreitungsgrad der Simulation in der Industrie erhöht. Die Notwendigkeit des Einsatzes der Simulation zur Planung, Realisierung und Betriebsführung logistischer Systeme wird heute nicht mehr in Frage gestellt.

Die folgenden Ausführungen stützen sich in ihren Aussagen auf die im Rahmen der Richtlinienarbeit abgestimmten Inhalte der VDI 3633, Blatt 1 (VDI 2014), die als Orientierungshilfe den Einstieg in die *Simulationstechnik* erleichtern und dem Anwender ein besseres Verständnis für die Durchführung von Simulationsstudien zur Untersuchung von Logistik, Materialfluss- und Produktionssystemen vermitteln soll.

Weitere Arbeiten zur Simulation sind (Mattern und Mehl 1989; Banks 1998; Law 2014; Robinson 2004) zu entnehmen. Neuere Methoden und Anwendungen der Simulation in

S. Wenzel (✉)
Universität Kassel, Kurt-Wolters-Straße 3, Kassel, Deutschland
e-mail: sekretariat-pfp@uni-kassel.de

© Springer-Verlag GmbH Deutschland, ein Teil von Springer Nature 2018
H. Tempelmeier (Hrsg.), *Modellierung logistischer Systeme*, Fachwissen Logistik,
https://doi.org/10.1007/978-3-662-57771-4_1

Produktion und Logistik sind in den Statusbänden zu den ASIM-Jahrestagungen (Wenzel 2006; Rabe 2008a; Zülch und Stock 2010; Dangelmaier et al. 2013; Rabe und Clausen 2015) sowie in den Fallbeispielsammlungen und Anwenderberichten (Kuhn und Rabe 1998; Rabe und Hellingrath 2000; Bayer et al. 2003) beschrieben. Vorgehensweisen zur ordnungsgemäßen Durchführung von Simulationsstudien lassen sich in (Wenzel et al. 2008; Rabe et al. 2008b) nachlesen.

1.1 Übersicht und Begriffsbestimmungen

1.1.1 Begriffsbestimmungen

Nach (Claus und Schwill 2006) bezeichnet *Simulation* in der Informatik ganz allgemein die „Nachbildung von Vorgängen auf einer Rechenanlage auf der Basis von Modellen". Im Rahmen der VDI-Richtlinie 3633, Blatt 1, wird diese sehr allgemeine Definition für den Bereich Materialfluss, Logistik und Produktion wie folgt konkretisiert: Simulation ist das „Nachbilden eines Systems mit seinen dynamischen Prozessen in einem experimentierbaren Modell, um zu Erkenntnissen zu gelangen, die auf die Wirklichkeit übertragbar sind; insbesondere werden die Prozesse *über die Zeit* entwickelt." (VDI 2014:3). Als wesentliche charakteristische Eigenschaften der Simulation sind die Modellierung der Zeit, die Umsetzung der Prozesse in eine zeitliche Abarbeitungsreihenfolge, die Abbildung stochastischer Einflüsse, die Darstellung von Synchronisationen und Nebenläufigkeiten, der automatische Ablauf der Simulation in einem vorgegebenen Zeithorizont und die Bildung von Kennzahlen zur Bewertung des zeitvarianten Modellverhaltens zu nennen.

Ein *Modell* kann als „vereinfachte Nachbildung eines geplanten oder existierenden Systems mit seinen Prozessen in einem anderen begrifflichen oder gegenständlichen System" bezeichnet werden, das „sich hinsichtlich der untersuchungsrelevanten Eigenschaften nur innerhalb eines vom Untersuchungsziel abhängigen Toleranzrahmens vom Vorbild" (VDI 2014:3) unterscheidet. In Erweiterung hierzu ist ein Simulationsmodell ein zu Simulationszwecken erstelltes Modell; ein charakteristisches Merkmal eines Simulationsmodells ist seine *Experimentierbarkeit*.

Ein *Simulationsexperiment* bezeichnet nach (VDI 2014:3) die zielgerichtete empirische Untersuchung des Modellverhaltens. Hierzu werden in einem Simulationsexperiment wiederholt *Simulationsläufe* mit systematischer Parameter- oder Strukturvariation durchgeführt. Ein Simulationslauf beschreibt somit das Verhalten eines Systems in einem Modell über einen bestimmten Simulationszeitraum für eine Parameter- und Strukturkonfiguration. Die Werte der untersuchungsrelevanten Zustandsgrößen werden in dem betrachteten Simulationszeitraum erfasst und statistisch ausgewertet. Zu jedem Simulationslauf gibt es mehrere *Replikationen*, um eine statistische Sicherheit der Aussagen zu gewährleisten. Replikationen unterscheiden sich nur hinsichtlich der Startwerte der im Simulationsmodell verwendeten Zufallsverteilungen.

1.1.2 Leitsätze zur Anwendung der Simulation

Der Vorteil eines Simulationsmodells liegt darin begründet, dass es die Durchführung von Experimenten, die am realen System zu gefährlich, zu aufwendig (zu kostspielig) oder erst gar nicht möglich wären, erlaubt. Die *Notwendigkeit einer Simulation* ist damit v. a. dann zu sehen, wenn real (noch) nicht existierende Fabrikanlagen oder real nicht existente logistische Sachzusammenhänge vorliegen, die Wirkzusammenhänge eine sehr hohe – mit analytischen Methoden nicht mehr abbildbare – Komplexität besitzen, Zukunftsszenarien betrachtet werden sollen, mehrere Gestaltungsvarianten analysiert werden müssen oder das Systemverhalten über lange Zeiträume hinweg untersucht werden soll. Die zu beantwortenden Fragen lassen sich in zwei Kategorien unterteilen:

- Analyse des Systemverhaltens im Sinne eines „What-if?",
- Ermittlung empfehlenswerter Maßnahmen im Sinne eines „What-to-do-to-achieve?"

Beispielsweise fallen unter What-if-Analysen Fragen nach dem Systemverhalten bei veränderter Systemlast (Wie verhält sich das Modell, wenn die Anzahl der zu bearbeitenden Aufträge um x Prozent erhöht wird?) und unter What-to-do-to-achieve-Untersuchungen Fragen der richtigen Anlagendimensionierung oder Steuerungsverbesserung.

Die Simulation ist grundsätzlich kein Selbstzweck. Vielmehr wird mit ihr stets ein bestimmtes Untersuchungsziel für ein vorgegebenes System verfolgt. Der Untersuchungsgegenstand, das Ziel der Untersuchung sowie die daraus resultierenden Fragestellungen und Untersuchungsaspekte bilden gemeinsam mit der Erfahrung der beteiligten Simulationsexperten den *Rahmen der Simulation* und bestimmen die Notwendigkeit der Simulation (*Simulationswürdigkeit*) und damit auch die Abbildungsgenauigkeit des zu erstellenden Simulationsmodells (vgl. auch Abschn. 1.4).

Um die Simulation möglichst effektiv und effizient durchzuführen, sind *Leitsätze* erarbeitet worden, die sich mit der Anwendung, der Modellbildung und den erreichbaren Ergebnissen in der Simulation befassen. An dieser Stelle seien nur einige auszugsweise genannt. Die folgende Aufstellung orientiert sich an den in der VDI 3633, Blatt 1 (VDI 2014:3), sowie in dem ASIM-Leitfaden (ASIM-Fachgruppe Simulation in Produktion und Logistik 1997) formulierten Leitsätzen:

- Simulation setzt die vorherige Zieldefinition und Aufwandsabschätzung voraus.
- Vor der Simulation ist zu prüfen, ob mittels analytischer Methoden das Ziel erreicht werden kann.
- Simulation ist grundsätzlich kein Ersatz für die Planung.
- Simulationsexperimente liefern keine Optimierung.
- Das Simulationsmodell ist nur ein vereinfachtes Abbild der Realität oder des geplanten Ablaufes. Es muss so abstrakt wie möglich und so detailliert wie nötig sein (Aufwand-Nutzen-Diskussion).

- Der Zeitpunkt der Integration der Simulation in ein Planungsprojekt bestimmt die Güte und den Erfolg der Planungsergebnisse sowie den Nutzen der Simulation.
- Die Ergebnisqualität eines Simulationsexperimentes hängt entscheidend von der dem Simulationsmodell zugrundeliegenden Datenbasis ab. Die Simulationsergebnisse sind wertlos, wenn die Datenbasis fehlerhaft ist.
- Für ein zielgerichtetes Experimentieren ist ein Versuchsplan (Experimentplan) unerlässlich.

Abschließend ist festzuhalten, dass die Simulation stets vor der Umsetzung der Planungsergebnisse und damit vor der Investition in Anlagen und Systeme durchzuführen ist.

1.1.3 Abgrenzung zu analytischen Verfahren

Ein wesentliches Unterscheidungsmerkmal zu analytischen Methoden ist, dass die Simulation „Prozesse (Zustandsfolgen in der Zeit) endogen aufgrund der im Modell dargestellten Wirkzusammenhänge und Zeitmechanismen entwickelt" (Niemeyer 1990: 437). In diesem Begriffsverständnis handelt es sich z. B. bei Tabellenkalkulationsprogrammen, die auf mathematisch-analytischen Methoden basieren, nicht um Simulationswerkzeuge. Die Entwicklung der *Zustandsfolgen in der Zeit* stellt den methodischen Vorteil der Simulation im Vergleich zu mathematisch-analytischen Verfahren dar, weil auf diese Weise komplexe Sachzusammenhänge abgebildet werden können, bei denen mathematisch-analytische Methoden an ihre Grenzen stoßen.

1.1.4 Anwendungsbereiche, Anwendungsfelder, Fragestellungen

Die *Anwendungsbereiche* der Simulation in logistischen Systemen reichen von der Betrachtung innerbetrieblicher Logistikabläufe im Sinne des klassischen Materialflusses über die Produktionslogistik mit der gesamten Auftragsabwicklung bis hin zur Beschaffungs- und Distributionslogistik. Darüber hinaus sind heute mit der Erhöhung des Stellenwertes unternehmensübergreifender logistischer Aspekte auch Fragen des Supply Chain Managements und damit verbunden die Analyse von Unternehmensnetzwerken, unternehmensübergreifender Informationsflüsse und Geschäftsprozesse wichtige Anwendungsbereiche (Kuhn und Laakmann 2001).

Innerhalb des *Lebenszyklus* eines logistischen Systems können wiederum je nach Lebenszyklusphase unterschiedliche Anwendungsfelder der Simulation – wie in Abb. 1.1 dargestellt (in Anlehnung an VDI 2014, Bild 2) – detailliert werden.

Während in der *Anlagenplanung* die Simulation als Strukturierungshilfsmittel und zur Unterstützung des Funktions- und Leistungsnachweises, aber auch zum Anlagentuning und -redesign eingesetzt wird, stehen in der *Realisierungsphase* einer Anlage Leistungstests, die Funktionsabsicherung für Ausbaustufen oder auch die Schulung von Mitarbeiterinnen und Mitarbeiter im Vordergrund. In der *Betriebsphase* erlaubt die Simulation

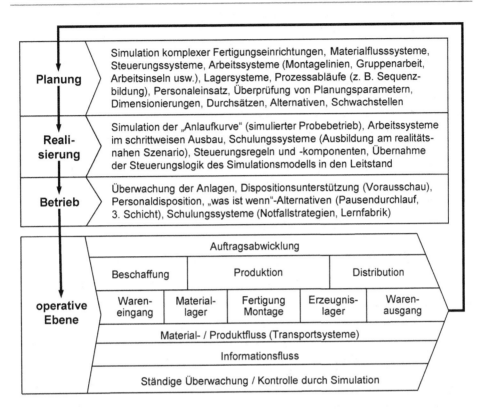

Abb. 1.1 Anwendungsfelder der Simulation im Lebenszyklus logistischer Systeme

ergänzend hierzu die Betrachtung von Parameterstudien zur Abwägung von Dispositionsalternativen, zur Überprüfung von Störfall- und Notfallstrategien sowie die Analyse des Anlagenverhaltens auf der Basis des realen Anlagenzustandes sowie prognostizierter Auftragsdaten. Die Simulation zur Gestaltung logistischer Systeme unterstützt i. d. R. langfristige (strategische) und mittelfristige (taktische) Entscheidungen, während die Simulation in der Betriebsphase logistischer Systeme zu kurzfristigen (operativen) Entscheidungen führt.

Allgemeine Ziele der simulationsgestützten Untersuchungen sind die Verbesserung des Systemverhaltens im Hinblick auf (kosten-)günstigere Lösungen, die Entscheidungshilfe bei der Systemgestaltung und bei der Auswahl von Alternativen, die Überprüfung von Theorien, die Planungsabsicherung und die Veranschaulichung komplexer Sachverhalte bezüglich eines besseren Systemverständnisses. Betrachtungsgegenstände sind dabei sowohl vorhandene Anlagen als auch neu geplante Anlagenkonzepte.

Typische Fragestellungen orientieren sich an dem klassischen Zielsystem der Logistik: Durchlaufzeitminimierung, Servicegradmaximierung, Auslastungsmaximierung und Bestandsminimierung. Dabei umfasst die Wirtschaftlichkeitsbetrachtung eines logistischen Systems die Kosten der Anlage, die Lagerhaltungskosten und die Kapitalbindung, den Terminverzug, die Lieferzeiten und die Lieferbereitschaft sowie Aufwände für Rüsten, Wartung und sonstige zu berücksichtigende Verfügbarkeitsfaktoren.

Verbunden mit den verschiedenen Anwendungsfeldern der Simulation innerhalb des Lebenszyklus einer Anlage kristallieren sich auch unterschiedliche *Nutzungsformen* und *Anwendergruppen* der Simulation heraus. Sie reichen von der Unterstützung reiner Marketing- oder Akquisitionsaktivitäten ohne Bezug zu einem konkreten System (Kompetenzvermittlung) und der Simulation als Schulungswerkzeug (Kenntnisvermittlung) über die Integration der Simulation in den Planungsprozess (Erkenntnisgewinnung) bis zur Nutzung der Simulation als integraler Bestandteil von sogenannten Assistenzsystemen zur Unterstützung der Disponenten in der operativen Anlagenüberwachung und -steuerung (Entscheidungsunterstützung).

1.1.5 Nutzenaspekte

Der erzielbare Nutzen der Simulation lässt sich qualitativ und quantitativ bewerten. Die *qualitativen* Nutzenaspekte umfassen:

- den erzielten *Sicherheitsgewinn* durch die Vermeidung von Fehlplanungen, die Bestätigung des Planungsvorhabens, die Absicherung der Funktionalität von System und Steuerung und damit letztlich durch die Minimierung des unternehmerischen Risikos,
- die erreichte *Lösungsverbesserung* über die Vereinfachung von Systemstrukturen oder die Verbesserung von Puffergrößen und Lagerbeständen,
- das erzielte *Systemverständnis* über eine Begründbarkeit und Überprüfbarkeit der gewählten Lösung oder über die Schulung des Betriebspersonals,
- den insgesamt günstigeren *Anlagenbetrieb* (z. B. Verkürzung der Anlaufzeiten und Minimierung von Ausfallzeiten im Störfall).

Weitere Aussagen zu Nutzenaspekte finden sich auch in (VDI 2014). In Ergänzung zu den qualitativen Nutzenaspekten liegen weitere Vorteile der Simulation in der Schaffung *quantifizierbarer* Ergebnisse für die betrachteten Lösungsvarianten als objektive Argumentations- und Entscheidungsbasis. Ein tatsächliches Quantifizieren des Nutzens ist jedoch nur projekt- und systemabhängig möglich.

1.2 Grundlagen

Zu den Grundlagen der Simulation zählen system- und modelltheoretische Grundlagen sowie methodische, konzeptuelle und stochastische Aspekte in Bezug auf die Modellbildung in der Simulation.

1.2.1 Systemtheoretische Grundlagen

Ein (logistisches) *System* stellt in Anlehnung an die DIN-IEC 60050-351 (DIN 2014) eine Menge von ggf. weiter zerlegbaren *Elementen* dar, die miteinander über Relationen in Beziehung stehen (*Aufbaustruktur* des Systems), „in einem bestimmten Zusammenhang als Ganzes gesehen und als von ihrer Umwelt abgegrenzt betrachtet werden" (DIN 2014:21). Die *Ablaufstruktur* innerhalb der Elemente wird durch spezifische Regeln und konstante oder variable Attribute beschrieben.

Die *Systemgrenzen* (auch als „Quellen" und „Senken" bezeichnet) legen für ein System die Schnittstellen zur Umwelt und damit auch die Ein- und Ausgangsgrößen, deren Werte über diese Schnittstellen ausgetauscht werden, fest. Als Eingangsgrößen (Input) werden die Einwirkungen durch die Umwelt bzw. andere Systeme auf das zu betrachtende System bezeichnet. Ausgangsgrößen (Output) umfassen die Einwirkung des Systems auf die Umwelt bzw. auf andere Systeme. Ergänzend hierzu beschreiben innere Größen die Kopplung der Elemente innerhalb des Systems.

Ein *dynamisches* System ist des Weiteren durch seinen *Zustand* charakterisiert, der die Gesamtheit aller Zustandsgrößen umfasst, die notwendig sind, um einen Systemzustand zu jeder Zeit vollständig zu beschreiben. Der Zustand eines Elementes kann die Folgezustände anderer Elemente oder seine eigenen Folgezustände beeinflussen. Formal lässt sich ein dynamisches System beispielsweise in Anlehnung an (Wunsch 1986) wie folgt beschreiben: Ein 9-Tupel $\Sigma = (T, X, Y, Z, \boldsymbol{X}, \boldsymbol{Y}, F, g, \leq)$ ist ein dynamisches System, wenn gilt:

- Die Zeitmenge T ist eine Teilmenge der reellen Zahlen.
- Das Input-Alphabet X und das Output-Alphabet Y sind beliebige Mengen mit den Elementen x bzw. y.
- Z bezeichnet das Zustandsalphabet als eine beliebige Menge mit den Elementen z als Zustände des dynamischen Systems.
- Der Signalraum $\boldsymbol{X}$ ist eine Teilmenge von X^T, wobei X^T die Menge aller möglichen Zeitfunktionen (Signale) mit $\boldsymbol{x}: T \rightarrow X$, $\boldsymbol{x}(t) = x$ mit $t \in T$ und $x \in X$ bezeichnet. Der Signalraum $\boldsymbol{Y}$ ist Teilmenge von Y^T, wobei Y^T entsprechend die Menge aller möglichen Zeitfunktionen (Signale) $\boldsymbol{y}: T \rightarrow Y$, $\boldsymbol{y}(t) = y$ mit $t \in T$ und $y \in Y$ umfasst.
- Die Überführungsfunktion F wird durch $F: (T \times T \times Z \times \boldsymbol{X})' \rightarrow Z$ und $F(t', t, z, \boldsymbol{x}) = z'$, mit z, z' als die Systemzustände zu der Zeit t bzw. t', definiert. Der zum Zeitpunkt t bei Zustand z auftretende Input $\boldsymbol{x}$ bewirkt eine Überführung in den Zustand z' zur der Zeit t'. $(T \times T \times Z \times \boldsymbol{X})'$ bezeichnet eine gewisse Teilmenge von $(T \times T \times Z \times \boldsymbol{X})$, da F nicht auf der gesamten Menge definiert sein muss.
- Die Ausgabefunktion oder auch Ergebnisfunktion g ist festgelegt durch $g: (T \times Z \times \boldsymbol{X}) \rightarrow Y$ und $g(t, z, x) = y$.
- $\leq$ bezeichnet die lineare Ordnungsrelation auf der Zeitmenge T.

Systeme sind damit per se durch eine essenzielle Wirkungsstruktur gekennzeichnet, die ihnen die Erfüllung bestimmter Funktionen gestattet, welche Systemzweck und System-identität definieren (Bossel 2004). Bei der Modellbildung und Simulation geht es um das Herausarbeiten dieser essenziellen Wirkungsstruktur.

1.2.2 Modellklassifikation

Nach (Wüsteneck 1963) ist unter einem *Modell* ein spezifisches System zu verstehen, das als Repräsentant eines komplizierten Originals aufgrund der mit dem Original gemeinsa-men, für eine bestimmte Aufgabe wesentlichen Eigenschaften von einem dritten System benutzt, ausgewählt oder geschaffen wird, um letzterem die Erfassung oder Beherrschung des Originals zu ermöglichen oder zu erleichtern und dieses damit zu ersetzen. Damit stellt ein Modell ein Ersatzsystem dar und ist aus der Sicht des Modellbildungsprozesses stets eine Beziehung zwischen drei Größen:

- dem Original (Modell-Objekt),
- dem Modellbildner (Modell-Subjekt) und
- dem Bild des Originals (Modell-Bild).

Bei der Erstellung des Modells spielt der Zweck, zu dem das Modell erstellt werden soll, die aktuelle Interessenlage (das Untersuchungsziel) und das Vorwissen des Modellbild-ners eine außerordentliche Rolle (vgl. hierzu auch Craemer 1985; Stachowiak 1973):

- Modelle sind stets Modelle von etwas, nämlich Abbildungen, Repräsentatio-nen natürlicher oder künstlicher Originale, die selbst wieder Modelle sein können (Abbildungsmerkmal).
- Modelle erfassen i. Allg. nicht alle Attribute des durch sie repräsentierten Originals, sondern nur solche, die den jeweiligen Modellerschaffern und/oder Modellbenutzern relevant erscheinen (Verkürzungsmerkmal).
- Modelle sind ihren Originalen nicht per se eindeutig zugeordnet. Sie erfüllen ihre Ersetzungsfunktion für bestimmte erkennende und/oder handelnde modellnutzende Subjekte, innerhalb bestimmter Zeitintervalle und unter Einschränkung auf bestimmte gedankliche oder tatsächliche Operationen (pragmatisches Merkmal). Insbesondere besagt das pragmatische Merkmal, dass Modelle nicht nur Modelle von etwas sind, sondern auch Modelle für jemanden (Subjektbezogenheit), innerhalb eines Zeitinter-valls (Zeitbezogenheit) und zu einem bestimmten Zweck (Zweckbezogenheit).

Modelltypen und -klassen werden i. Allg. über gegensätzliche Begriffspaare charakteri-siert und abgegrenzt; die Begriffspaare beschreiben jeweils Ausprägungen unterschied-licher charakteristischer Kriterien; diese können beispielsweise sein:

- *Experimentierbarkeit*: experimentierbar versus nicht experimentierbar,
- *Beschreibungsmittel*: physisch versus gedanklich versus abstrakt/formal versus symbolisch/grafisch versus textuell,
- *Beschreibungsart*: analog versus digital,
- *Zufallsverhalten*: stochastisch versus deterministisch (vgl. auch Abschn. 1.2.5),
- *Zeitverhalten*: statisch versus dynamisch,
- *Stabilität*: linear versus nicht linear,
- *Modellierung des Zeitablaufes*: diskret versus kontinuierlich.

Simulationsmodelle stellen vereinfachte Abbilder einer Realität dar und verhalten sich bezüglich der untersuchungsrelevanten Aspekte weitgehend analog dem realen oder geplanten System. Sie sind experimentierbar, symbolisch, digital, dynamisch und i. Allg. nicht linear; sie können je nach Zufalls- und Zeitverhalten deterministisch oder stochastisch sowie kontinuierlich oder diskret sein.

Die *Modellelemente* – auch Objekte (engl.: entities) und Bausteine (engl.: resources, units oder building blocks) genannt – repräsentieren reale Systemelemente mit ihrem Verhalten. Sie sind physisch und/oder logisch, statisch oder dynamisch (hier im Sinne von mobil), modellpermanent oder -temporär und stehen zu den anderen Modellelementen in Wechselwirkung. Die einzelnen Modellelemente werden über Parameter (deterministisch oder stochastisch) und ggf. durch eine bestimmte Funktionalität (interne Ablauflogik, Verhalten) charakterisiert. Je nach „Weltsicht" kann es jedoch auch Modellelemente geben, die keine interne Ablauflogik besitzen, sondern deren Verhalten durch die interne Ablauflogik anderer Modellelemente beschrieben wird (z. B. Paletten in der Fördertechnik, vgl. VDI 2014).

Simulationswerkzeuge (vgl. Abschn. 1.3) unterstützen sowohl den Aufbau und die Verwaltung der Simulationsmodelle als auch deren Ablauf über die Abbildung der Simulationszeit einschließlich der Durchführung von Zustandsänderungen im Modell. Die mit den Werkzeugen erstellten Simulationsmodelle werden über eine *Simulationsmethode* (vgl. Abschn. 1.2.3), die das zu berücksichtigende Zeitverhalten festlegt, und über ein *Modellierungs-* oder auch *Strukturkonzept* (vgl. Abschn. 1.2.4), über welches das zu modellierende System in einem Modell formuliert wird, geprägt.

1.2.3 Simulationsmethoden

Eine Simulationsmethode definiert für die Simulation die Art und Weise, in der das Zeitverhalten berücksichtigt wird. Die *Simulationszeit* bildet die im realen System voranschreitende Zeit im Simulationsmodell ab (Simulationsuhr). Bei der Durchführung eines Simulationslaufes wird das Modell rechnergestützt ausgeführt; der Zustand des Modells, der aus den Zuständen der Modellelemente (Zustandsvektor) beschrieben wird, verändert sich mit dem Voranschreiten der Simulationszeit.

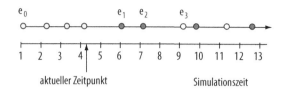

Abb. 1.2 Abstrakter ereignisorientierter Simulationsablauf (vgl. Mattern und Mehl 1989:201)

Für die Fortschreibung der Zeit innerhalb eines Modells sind die *kontinuierliche* (engl.: continuous) und die *diskrete* (engl.: discrete event) Simulationsmethode anwendbar. Bei der kontinuierlichen Simulation werden die Zustandsvariablen zur Beschreibung des Modells in einem stetigen Verlauf über die Zeit abgebildet; das Systemverhalten wird durch eine Menge gekoppelter Differentialgleichungen beschrieben. Bei der diskreten Simulation werden die Zustandsänderungen zu diskreten Zeitpunkten betrachtet. Das Fortschreiten der Zeit kann dabei grundsätzlich nach zwei Methoden erfolgen: über die *ereignisorientierte* (engl.: next event time advance mechanism) oder auch asynchrone diskrete Simulation sowie über die *zeitgesteuerte* (engl.: fixed-increment time advance) oder auch synchrone diskrete Simulation.

Während bei der ereignisorientierten Simulation (Abb. 1.2) die Zustandsänderungen innerhalb des Simulationsmodells über das Eintreten von Ereignissen verursacht werden, schreitet die Simulationszeit bei der diskreten zeitgesteuerten Methode, die häufig auch als quasi-kontinuierliche Simulationsmethode bezeichnet wird, um ein vorher festgelegtes konstantes Zeitinkrement Δt voran. Die innerhalb der letzten Epoche Δt aufgetretenen Zustandsänderungen werden erst nach Erhöhung der Zeit durchgeführt (Abb. 1.3).

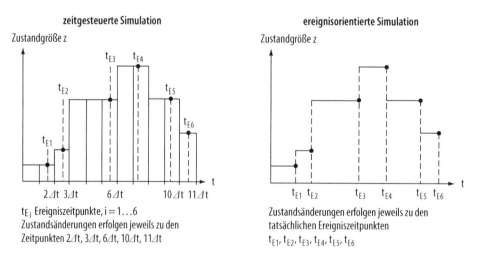

Abb. 1.3 Wirkung von Ereignissen bei zeitgesteuerter und ereignisorientierter Simulationsmethode

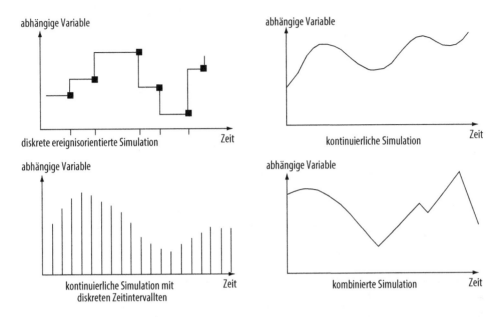

Abb. 1.4 Unterschiede im Verhalten einer zeitabhängigen Variablen in Abhängigkeit von der Simulationsmethode

Bei Wahl eines sehr kleinen Δt erzielt man unter Inkaufnahme einer hohen Rechenzeit eine Annäherung an eine kontinuierliche Simulation. Für die Abbildung von logistischen Prozessen spielte die zeitgesteuerte Methode in der Vergangenheit eine untergeordnete Rolle; mit der Notwendigkeit der Abbildung von Stoffströmen (z. B. zur Modellierung von umweltgerechten Produktionsprozessen) werden diese Methoden auch für logistische Prozesse interessant.

Im Folgenden wird lediglich auf die Ansätze der *diskreten ereignisorientierten Simulationsmethode* eingegangen (zum Zeitverhalten vgl. Abb. 1.4); die zeitgesteuerten und kontinuierlichen Ansätze werden in der Betrachtung ausgeklammert, da sie für die Simulation logistischer Systeme weniger relevant sind.

Bei der diskreten ereignisorientierten Simulation wird das zu betrachtende System über Ereignisse (engl.: events), Prozesse (engl.: processes) und Aktivitäten (engl.: activities) abgebildet:

- Ein *Ereignis* ist grundsätzlich atomar und damit nicht weiter zerlegbar; es verbraucht keine Simulationszeit. Der Eintritt eines Ereignisses erfolgt zu i. d. R. nicht äquidistanten Zeitpunkten. Der über ein Ereignis entstandene Zustand behält im Simulationsmodell bis zum nächsten Ereignis seine Gültigkeit. Die Generierung eines Ereignisses kann außerhalb des Modells (*exogen*) oder innerhalb des Modells aufgrund eines vorherigen Zustands oder Ereignisses (*endogen*) begründet sein.

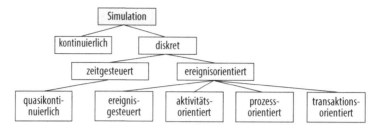

Abb. 1.5 Klassifikation von Simulationsmethoden (vgl. Mattern und Mehl 1989:202)

- Eine *Aktivität* umfasst eine zeitbehaftete Operation, die den Zustand eines einzigen Objekts transformiert. Sie ist durch ein Anfangs- und Endereignis charakterisiert.
- Ein *Prozess* beschreibt eine zeitlich geordnete und inhaltlich zusammengehörige Folge von Ereignissen, die meist einem bestimmten Simulationsmodellelement zugeordnet ist.

Unter Verwendung dieser Terminologie und der mit ihr verbundenen Sichtweise gibt es verschiedene Wege zur Umsetzung der Zeitsteuerung (auch Scheduling-Strategie) in der ereignisorientierten Simulation (vgl. Fishman 1973; Mattern und Mehl 1989; Niemeyer 1990; Zeigler 1991 sowie Abb. 1.5): Der *ereignisgesteuerte* Ansatz (engl.: event scheduling approach) unterteilt das zu beschreibende System in eine Menge von Ereignissen, die zu bestimmten Zeitpunkten eintreten und Zustandsübergänge hervorrufen. Dieser Ansatz setzt voraus, dass die Zukunft in genügend weiten Abständen über die Festlegung von einzutretenden Ereignissen vorausgeplant ist. Die *aktivitatsorientierte* Simulationsmethode (engl.: activity scanning) beschreibt ein Modell über eine Menge von Aktivitäten, die zyklisch daraufhin untersucht werden, welche von ihnen ausgelöst werden können. Die Zeitsteuerung basiert auf der Vorstellung, dass es eine Menge von Uhren gibt. Der *prozessorientierte* Ansatz (engl.: process interaction) organisiert das Modell in interagierende parallele Prozesse, die einerseits Zustandsvariablen verändern, andererseits warten. Des Weiteren wird die *transaktions-(fluss)orientierte* Simulationsmethode (engl.: transaction flow) differenziert, die sich von der prozessorientierten Methode dahingehend unterscheidet, dass es mobile dynamische Objekte (Transaktionen) und permanente stationäre Objekte (Stationen) gibt. Dieser Ansatz wird auch als Unterklasse der prozessorientierten Methode angesehen; sein Anwendungsfeld liegt beispielsweise bei der Modellierung und Simulation von Warteschlangensystemen.

1.2.4 Modellierungskonzepte

Ein Modellierungskonzept zerlegt und gliedert das zu untersuchende System, indem es ein Begriffsnetz aufspannt. Es bestimmt das Regelwerk zur Strukturierung und Modellierung des betrachteten Systems und damit die Modellbestandteile sowie deren Abhängigkeiten und Wechselwirkungen. Das *Modellierungskonzept* steht i. d. R. in Interdependenz zur verwendeten Simulationsmethode und ergänzt sie um zusätzliche deskriptive Vorgaben für Modellstruktur und -design. Es prägt Methodik und Vorgehensweise des Systement-wurfs mit und hat dadurch einen nicht zu unterschätzenden Einfluss auf das Modell des abzubildenden Systems.

Den heutigen Simulationswerkzeugen liegen verschiedene Modellierungskonzepte zugrunde, die auf theoretischen Ansätzen (z. B. auf der Basis mathematischer Modelle) oder auf eher applikationsorientierten Konzepten beruhen (vgl. Wenzel 1998) und in Simulationswerkzeugen häufig auch in Kombination vorkommen. Im Folgenden werden die in der ereignisdiskreten Simulation häufig verwendeten Modellierungskonzepte kurz skizziert:

- *Sprachkonzepte* basieren entweder nur auf einer Simulationsmethode und bieten die zugehörigen Methoden zur Ereignis- und Zeitverwaltung an oder besitzen zusätzlich umfangreiche Sprachkonstrukte und Modellbildungsmechanismen auf der Basis eines block- bzw. funktionsorientierten Konzeptes. Kennzeichnend für das Sprachkonzept ist die Umsetzung des Modells in Form einer Sprache und damit die hohe Flexibi-lität bei der Modellbildung. Typische Vertreter der Sprachkonzepte sind Program-miersprachen oder aber um simulationsspezifische Konzepte erweiterte sogenannte Simulationssprachen.

- *Generische Konzepte* sind gekennzeichnet durch allgemeine (wiederverwendbare) und hinsichtlich ihrer Beschreibungsmethodik grundsätzlich anwendungsneutrale Modell-konstrukte, denen gewisse Grundfähigkeiten zugeordnet sind und die über Attribute näher charakterisiert werden. Zu den generischen Konzepten zählen objektorientierte Modellierungskonzepte, bei denen in Anlehnung an das objektorientierte Paradigma in der Programmierung die Welt nur aus gleichberechtigten, miteinander kommunizieren-den Objekten besteht, oder auch Entity- Relationship-Modelle, in denen die zu model-lierende Welt als ein semantisches Netz mit Konstruktionsregeln und den generellen Knotentypen Entity (genau abgrenzbare individuelle Exemplare von Dingen, Personen, Begriffen usw.) und Relationship (Beziehungen) definiert wird.

- *Theoretische* (mathematische) *Konzepte* werden über die ihnen zugrundeliegenden mathematischen Modelle formal beschrieben. Ihnen zugeordnet sind automatentheore-tische Konzepte, Petri-Netz-Konzepte und Warteschlangennetze. Während ein Automat im einfachsten Fall über eine endliche Menge von Zuständen, einem Eingabealpha-bet, einer Zustandsübergangsfunktion, einem Anfangszustand und einer Menge von möglichen Endzuständen definiert wird, legen die nach C.A. Petri (1962) benannten Petri-Netze eine statische Struktur als Graph aus gerichteten Kanten und zwei unter-schiedlichen Klassen von Knoten, z. B. den Stellen und den Transitionen, fest und beschreiben dynamische Abläufe über Marken, die über die Transitionen weitergege-ben werden. Warteschlangennetze beschreiben ein System über ein Netz von Stationen, die ihrerseits aus einem Warteraum mit einer endlichen oder unendlichen Anzahl von Warteplätzen, einer ihm zugeordneten Abarbeitungsstrategie für die sich im Warte-raum befindlichen Aufträge (z. B. „first in first out", „last in first out") und einem oder

mehreren Bedienern bestehen. Die zu bedienenden Prozesse werden über ihr Ankunfts-
verhalten, über die Anzahl der zu bearbeitenden Aufgaben, die für die Bearbeitung
notwendigen Ressourcen sowie die Bedienzeit charakterisiert.

Im Gegensatz zu den bisher genannten Modellierungskonzepten beinhalten *anwendungs-
orientierte Modellierungskonzepte* anwendungsnahe Beschreibungsmittel und orientieren
sich in ihrer Begrifflichkeit an den abzubildenden Systemen der Anwendung. Typische
Vertreter sind sogenannte Bausteinkonzepte, die für ein bestimmtes Anwendungsfeld
topologische, organisatorische und/oder informatorische Elemente – zweckmäßig aggregiert und vordefiniert sowie aus Anwendungssicht parametrisierbar – zur Verfügung
stellen. Bausteinkonzepte können sowohl die ablauforientierte bzw. funktions- oder prozessorientierte Sichtweise (Fertigen, Montieren, Prüfen usw.) als auch die aufbau-/struk-
turorientierte bzw. topologie-orientierte Sichtweise (Weiche, Förderstrecke, Lager usw.)
berücksichtigen. Eine Vielzahl der heutigen Simulationswerkzeuge für logistische Fragestellungen bietet ein Bausteinkonzept an und stellt umfangreiche Bausteinbibliotheken zur
Verfügung.

Neben den genannten Modellierungskonzepten zur Erstellung von Simulationsmodellen unterstützen ergänzende Beschreibungsmethoden häufig zusätzlich die Modellierung
der dynamischen Sachzusammenhänge und Strategien. Hier sind z. B. Zustandsüber-
gangsdiagramme, Blockdiagramme, Programmablaufpläne oder auch Entscheidungstabellen für Strategien und Regelwerke zu nennen.

Um Erfahrungswissen zu dokumentieren und den Aufwand für die Erstellung von
Simulationsmodellen zu reduzieren, wurden vor einigen Jahren sogenannte *Referenzmodelle* für die Simulation (vgl. hierzu auch Wenzel 2000) entwickelt. Mittels dieser Referenzmodelle sollen Anwendungen systematisch beschrieben und damit für die Simulation
einfacher zugänglich und effektiver umsetzbar gemacht werden. „Ein Referenzmodell
umfasst eine systematische und allgemeingültige Beschreibung eines definierten Bereichs
der Realität mit den für eine vorgegebene Aufgabenstellung relevanten charakteristischen
Eigenschaften und legt das zugehörige Modellierungskonzept fest. Im Bereich der Simulation dienen Referenzmodelle als Konstruktionsschemata für den Entwurf von aufgaben-
bezogenen Simulationsmodellen." (Klinger und Wenzel 2000:13). In (Wenzel 2000) sind
einzelne Anwendungsbeispiele beschrieben.

1.2.5 Grundlagen der Statistik und Wahrscheinlichkeitstheorie

In der Modellbildung und Simulation spielen über die Wahrscheinlichkeitstheorie begrün-
dete Annahmen und Aussagen eine große Rolle, da mit ihrer Hilfe zufällige Einflüsse
mathematisch beschrieben und Aussagen über ihre Gesetzmäßigkeiten hergeleitet werden
können.

Ereignisse, die unter bestimmten Umständen eintreten können, aber nicht notwendigerweise eintreten müssen, heißen in diesem Zusammenhang auch *zufällige Ereignisse*. Von einem *zufälligen Versuch* oder auch *Zufallsexperiment* wird gesprochen, wenn Aktionen abgearbeitet werden, bei denen zufällige Ereignisse entstehen. Das Ziel eines zufälligen Versuchs ist es, als Versuchsergebnis einen zahlenmäßigen Wert einer sogenannten *Zufallsgröße* zu ermitteln.

Den Wert, den eine Zufallsgröße X annehmen kann, nennt man die *Realisierung der Zufallsgröße X*. Die Funktion $F(x)$ der reellen Variablen x mit $F(x) = P(X < x)$ bezeichnet die *Verteilungsfunktion* der Zufallsgröße X; sie gibt an, wie hoch die Wahrscheinlichkeit ist, dass die Zufallsgröße X einen Wert kleiner x annimmt. Hat die Zufallsgröße einen nur endlichen (oder höchsten abzählbar unendlichen) Wertebereich, spricht man von einer *diskreten*, sonst von einer *kontinuierlichen* bzw. *stetigen Zufallsgröße*. Im diskreten Fall wird die Verteilung der Zufallsgröße X über eine *diskrete Wahrscheinlichkeitsfunktion* mit Einzelwahrscheinlichkeiten bestimmt: $F(x) = P(X < x) = \Sigma P(X = x_i) = \Sigma p_i$ mit $i = 1, 2, \ldots$ und $x_i < x$. Im stetigen Fall wird die Verteilung einer Zufallsgröße durch die *Verteilungsfunktion* $F(t) = P(X < t)$ für alle reellen Größen t in der Form $F(t) = \int f(x)\mathrm{d}x$ mit $x = -\infty \ldots t$ beschrieben, wobei die *Dichtefunktion* $f(x) \geq 0$, $-\infty < x < +\infty$ eine integrierbare Funktion mit $\int f(x)\mathrm{d}x = 1$ und $-\infty < x < +\infty$ ist.

Die Wahrscheinlichkeits- bzw. Dichtefunktion bestimmt vollständig die Verteilung einer Zufallsgröße; zusätzliche, i. d. R. jedoch nicht vollständige Informationen liefern Kennwerte (Parameter) der Funktion wie den *Erwartungswert*, der ausgehend von der klassischen Vorstellung eines Mittelwertes als ein Wert, um den sich die Werte der Zufallsgröße ansiedeln, verstanden werden kann, und das Streuungsmaß *Varianz*, das über die mittlere quadratische Abweichung angibt, wie stark die Werte der Zufallsgröße um den Erwartungswert streuen. Die Streuung selbst wird auch als *Standardabweichung* bezeichnet.

Zur Beschreibung verschiedener Wahrscheinlichkeiten ist eine Reihe von Wahrscheinlichkeitsverteilungen diskreter und stetiger Zufallsgrößen von Bedeutung. Für diskrete Zufallsgrößen sind beispielsweise zu nennen:

- Die *gleichmäßig diskrete Verteilung* ist gekennzeichnet durch endlich viele Werte mit gleicher Wahrscheinlichkeit.
- Die *Poisson-Verteilung* findet insbesondere für Ankunftsprozesse Verwendung (z. B. zur Beschreibung einer zufälligen Anzahl von Kunden oder Aufträgen, die in einem System zur Bearbeitung eintreffen).
- Die *Binomialverteilung* wird bei einer Menge voneinander unabhängiger, sich identisch verhaltender Sachverhalte mit gleicher zufallsbedingter Ausprägung verwendet, beispielsweise zur Beschreibung einer zufälligen Anzahl der in einem bestimmten Zeitraum ausfallenden Maschinen k von insgesamt n unabhängig voneinander arbeitenden Maschinen gleicher Bauart und mit gleichen Betriebsbedingungen.

Stetige oder kontinuierliche Wahrscheinlichkeitsverteilungen lassen sich wie folgt unterscheiden:

- Die *gleichmäßig stetige Verteilung* (*Gleichverteilung*) nimmt an, dass eine Zufallsgröße in gleich lange Teilintervalle ihres Wertebereichs mit gleicher Wahrscheinlichkeit fällt. Ihr Anwendungsgebiet ist überall dort zu finden, wo nur Minimal- und Maximalwerte bekannt sind (z. B. bei Zwischenankunftszeiten in Warteschlangen liegt häufig nur der kürzeste und längste Zeitabschnitt zwischen zwei Ankünften vor).
- Die *Normalverteilung* lässt die Beschreibung einer Zufallsgröße zu, die sich als Ergebnis der Überlagerung vieler unabhängiger und in ihrer Wirkung etwa gleich starker Einflüsse interpretieren lässt. Hierzu zählen beispielsweise zufällige Beobachtungs- und Messfehler oder über Verteilungen beschriebene Arbeits- und Rüstzeiten in der Produktion.
- Die *Exponentialverteilung* wird zur Modellierung von Zeitdifferenzen zwischen zufälligen Ereignissen wie Zwischenankunftszeiten (von Kunden an einem Schalter, Lkw an einer Rampe, Telefonanrufen in einer Telefonzentrale), Bedienungsfunktionen oder dem Eintritt von Störungen verwendet.

Eine Ausführung der mathematischen Details der einzelnen Wahrscheinlichkeitsverteilungen führt an dieser Stelle zu weit. Hierzu sei u. a. auf (Lehn und Wegmann 2006; Georgii 2015; Fahrmeir et al. 2016) oder auch auf (Law 2014) verwiesen.

1.3 Simulationswerkzeuge

1.3.1 Werkzeugklassen

Die Werkzeuge oder auch Instrumente zur Simulation zeichnen sich dadurch aus, dass sie eine softwaretechnische Nachbildung eines Systems in einem Modell erlauben. Da das Verhalten eines dynamischen Systems über die Zeit untersucht wird, sind die zeitlichen Abläufe der Systemelemente und die Zeit selbst entscheidende Aspekte der Modellierung.

Als Werkzeuge können einfache *Programmiersprachen* oder komfortablere *Simulationssprachen* – i. d. R. Programmiersprache mit simulationsspezifischen Zusatzfunktionalitäten (z. B. zur Ereignisverwaltung) – ebenso zum Einsatz kommen wie die als *Simulatoren* bezeichneten Programmpakete. Häufig findet man den Begriff „Simulator" auch als Synonym für Simulationswerkzeug und/oder Simulationsinstrument. Um jedoch auch die Simulationssprachen einordnen zu können, wird hier eine begriffliche Trennung vorgenommen. Neben den Simulationssprachen und den Simulatoren ist eine weitere Differenzierung in *Simulatorentwicklungsumgebungen* möglich. Diese Werkzeuge sind in erster Linie Entwicklungsumgebungen für Simulatorentwickler und werden i. Allg. nicht dem Endanwender zur Verfügung gestellt. Die auf ihrer Basis entstehenden oder bereits entwickelten Instrumente sind wiederum Simulatoren für den Endanwender. Abb. 1.6 zeigt aus der

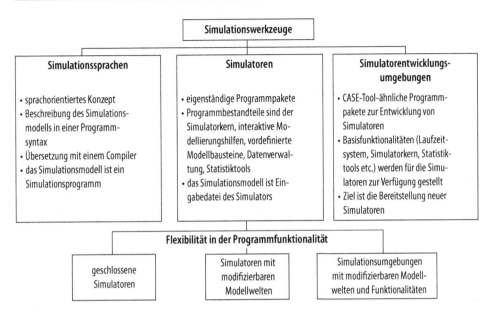

Abb. 1.6 Klassifikation von Simulationswerkzeugen

instrumentellen funktionalen Sicht eine Einordnung der unterschiedlichen Simulationswerkzeuge mit ihren charakteristischen Merkmalen. Mischformen sind grundsätzlich möglich.

Eine Unterteilung der Simulationswerkzeuge nach *Anwendungsbezug* wurde bereits in (Schmidt 1988; Noche und Wenzel 1991) in Form eines Ebenenmodells (vgl. Abb. 1.7) vorgenommen, das über die

- Ebene 0: reine Programmiersprachen (Implementierungssprachen),
- Ebene 1: Programmiersprachen mit simulationsrelevanten Basiskomponenten,
- Ebene 2: allgemeine Simulationsinstrumente,
- Ebene 3: spezialisiert über für einzelne Anwendungsbereiche konzipierte Modellelemente,
- Ebene 4: spezialisiert über für Teilgebiete eines Anwendungsbereiches konzipierte Modellelemente

beschrieben ist. Simulationswerkzeuge für logistische Anwendungen können in Analogie zu diesen Ebenen nach anwendungsübergreifender Simulationssoftware, nach Instrumenten, die primär den Anwendungsbereich Produktion und Logistik bedienen, und nach Werkzeugen, die nur spezielle Aufgabengebiete innerhalb des Anwendungsbereiches Produktion und Logistik abdecken, differenziert werden. Allgemeine Instrumente unterstützen nicht speziell einen Anwendungsbereich, sondern sind von ihrer Konzeption und ihrer Funktionalität her grundsätzlich beliebig einsetzbar. Sie erlauben über ihre Funktionalitäten und Freiheitsgrade in der Modellierung die Anwendung bei unterschiedlichsten

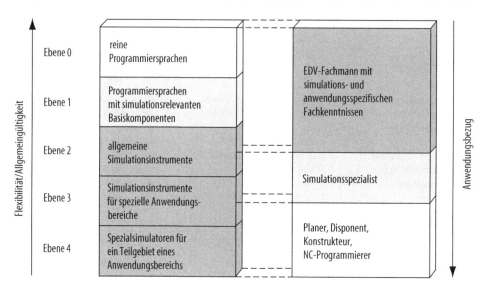

Abb. 1.7 Einordnung von Simulationswerkzeugen unter den Aspekten Flexibilität, Allgemeingültigkeit und Anwendungsbezug

Problemen und Fragestellungen. Ihr Komplexitätsgrad bedingt jedoch i. d. R. lange Einarbeitungszeiten und häufig die Einbeziehung eines Spezialisten.

Simulationswerkzeuge, die auf Anwendungen in Produktion und Logistik ausgerichtet sind, zielen verstärkt auf die Fragestellungen dieses Anwendungsbereiches ab und weisen in ihren Funktionen und Modellelementen entsprechende Charakteristika auf. In diesem Zusammenhang werden v. a. Fragen aus Produktion, Materialfluss, Distribution und Werkstattsteuerung thematisiert. Im Vergleich hierzu konzentriert sich die dritte Klasse der Simulatoren auf Spezialgebiete wie Supply Chain Management, Personaleinsatzplanung, fahrerlose Transportsysteme, Robotersysteme, Geschäftsprozesse oder auch Stoffflüsse. Diese *Spezialsimulatoren* beschränken sich bewusst auf einen begrenzten Einsatz des Instrumentariums. Die Nutzung dieser Werkzeuge für weiterreichende, über die eigentliche Zielanwendung hinausgehende Fragestellungen kann zu aufwendigen Anpassungsaufgaben führen.

„Stellt ein Simulator hochaggregierte Bausteine zur Verfügung, so ist hiermit ein benutzerfreundlicher und schneller Modellaufbau möglich. Gleichzeitig verliert man jedoch an Flexibilität und Abbildungstreue. Wenn nur die Bausteine zur Verfügung stehen, gerät man in Schwierigkeiten, falls das reale System Eigenschaften aufweist, die sich nicht direkt mit den Bausteinen eines Simulators abbilden lassen" (Schmidt 1988:18–19). Dieses Problem wird heute durch *offene* Simulatoren oder auch *Simulationsumgebungen* (vgl. Abb. 1.6) gelöst, die es relativ einfach ermöglichen, neue Bausteine oder auch Funktionen anwendungsbezogen innerhalb des Werkzeuges zu ergänzen.

Abb. 1.7 verdeutlicht den Zusammenhang zwischen dem Anwendungsbezug und damit verbunden der Qualifikation des Anwenders einerseits und dem Flexibilitätsgrad der Simulationswerkzeuge und damit verbunden ihrer Allgemeingültigkeit andererseits.

1.3.2 Aufbau der Simulationswerkzeuge

Simulatoren lassen sich durch einen *Simulatorkern* (u. a. Zufallszahlengeneratoren zur Erzeugung von stochastischen Verteilungen sowie Funktionen zur automatischen chronologischen Erzeugung und Abarbeitung von Ereignissen), eine bereits vordefinierte *Modellwelt*, bestehend aus den Modellelementen zur Systemmodellierung, eine *interne Datenverwaltung*, eine *Bedienoberflache* zur Modelleingabe und Ergebnisdarstellung sowie *Schnittstellen zu externen Datenbestanden* (vgl. Abschn. 1.3.3) beschreiben. Die Modellwelt mit ihren Modellelementen wird durch das Modellierungskonzept des Simulators bestimmt. Beispielsweise existieren Simulatoren, die bereits Modellelemente zur Abbildung tatsächlicher Anlagenelemente wie Förderstrecke, Weiche oder Maschine zur Verfügung stellen, während sich andere Simulatoren theoretischer Modellierungskonzepte bedienen (vgl. Abschn. 1.2.4).

Die interne Datenverwaltung umfasst die Verwaltung aller zur Modellerstellung, Simulationsdurchführung und Ergebnisinterpretation notwendigen Daten. Diese beziehen sich damit nicht nur auf die seitens des Anwenders bei der Modellierung einzugebenden Parameterdaten, sondern auch auf interne, das Modell repräsentierende Zustände, die während des Simulationslaufes über die Zeit ermittelt werden, sowie auf Ergebnisdaten, die während und zum Ende eines Simulationslaufes bestimmt werden. Die Bedienoberfläche dient zum (heute i. d. R. grafisch interaktiven) Modellaufbau auf der Basis parametrisierbarer Modellelemente, zur Daten- und Parametereingabe sowie zur Darstellung der ermittelten Simulationsergebnisse. Die Ergebnisdarstellung erfolgt über Listen, Statistiken oder über eine entsprechende grafische Aufbereitung der Statistikdaten; darüber hinaus ermöglichen Methoden wie Monitoring sowie 2D-und/oder 3D-Animationen die Visualisierung der dynamischen Prozessabläufe über die Zeit (vgl. auch Abschn. 1.4.5).

1.3.3 Schnittstellen

Die Notwendigkeit zur Integration der Simulationswerkzeuge in das betriebliche Umfeld erfordert *offene* Simulationswerkzeuge. Um einerseits aktuelle Datenbestände für die Simulation ohne erneuten Dateneingabeaufwand zu nutzen, andererseits die Simulationsergebnisse möglichst direkt weiter verwenden zu können, bieten daher die einzelnen Simulationswerkzeuge unterschiedliche Datenimport- und Datenexportschnittstellen an. Neben Individuallösungen werden heute verstärkt Schnittstellen für mehr oder weniger standardisierte Datenaustauschformaten (z. B. DXF im CAD-Bereich oder SQL) angeboten. Mit der erweiterten Nutzung der Simulation im operativen Betrieb zur kurzfristigen Überprüfung von Handlungsalternativen sowie der Integration realer Anlagen- und Systemelemente in das Modell, im Sinne einer System-In-The-Loop Simulation, werden Online-Schnittstellen zu operativen Planungs- und Steuerungssystemen wie z. B. ERP, MES, oder SPS immer wichtiger.

Zum *Datenexport* bieten die Simulationswerkzeuge häufig Schnittstellen zur Nutzung der Ergebnisse z. B. in Office- Programmpaketen, Grafikformate zur Darstellung der Modelle oder simulatorspezifische Datenaustauschformate (z. B. Trace-Dateien mit den protokollierten Ereignissen eines Simulationslaufes) an. Aufgrund des zunehmenden Einsatzes von 3D-Animationen und Virtual Reality (VR) finden sich auch Lösungen, die über Dateischnittstellen oder Interprozesskommunikation die Kopplung mit einem professionellen Visualisierungswerkzeug unterstützen (vgl. VDI 2009).

1.3.4 Auswahlkriterien für Simulationswerkzeuge

Je nach Anwendungsfeld, Aufgabenstellung und Anwendergruppe kann das Ergebnis der Auswahl eines Simulationswerkzeugs unterschiedlich ausfallen. Als wesentliche Auswahlkriterien sind Aspekte der *Werkzeugentwickl*ung, des *Produkteinsatzes* und der *Softwarefunktionalität* sowie *Service- und Marketingaspekte* zu nennen. Zur *Werkzeugentwicklung* zählen die Entwicklungsgeschichte des Produktes, der Produkthersteller und die aktuellen Vertriebspartner, aber auch Marktpräsenz und Referenzen. Die Aspekte zum *Produkteinsatz* umfassen die typischen Anwendungsbereiche des Produktes, aber auch Hard- und Softwarerestriktionen sowie Qualifikationsanforderungen an die Anwender.

In Bezug auf die *Softwarefunktionalität* sind besondere Charakteristika und Leistungsmerkmale des Produktes selbst, die zur Verfügung stehende Modellwelt, die Im- und Exportschnittstellen, die Bedienbarkeit, die funktionalen Möglichkeiten der Modellerstellung und Strategiedefinition, der Validierung, der Experimentplanung und der Ergebnisaufbereitung sowie restriktive Kriterien wie die Begrenzung in der Modellgröße zu nennen. Unter *Service- und Marketingaspekten* werden Anwendungsunterstützung und Wartung, Preispolitik und Verbreitungsgrad des Produktes, Marktbedienung, Schulung und Serviceleistungen wie Hotline, User Groups, Internetpräsenz u. ä. zusammengefasst. Der Stellenwert der einzelnen Auswahlkriterien orientiert sich an dem gewünschten Anforderungsprofil der Endanwender. Daher ist jeder Anwender gefordert, hier entsprechend seinen Präferenzen eigene Bewertungskriterien festzulegen und zu gewichten. Für die abschließende Produktauswahl müssen Erfüllungsgrad und Anforderungsprofil in Bezug auf die Auswahlkriterien in einem ausgewogenen Verhältnis stehen. Eine mögliche Checkliste ist der Richtlinie VDI 3633, Blatt 4 (VDI 1997a), zu entnehmen.

1.4 Vorgehensweise bei der Simulation

Eine *Simulationsstudie* kennzeichnet ein Projekt zur Durchführung einer Simulation. Hierbei ist zunächst zu entscheiden, ob die Simulationsstudie im eigenen Haus oder über externe Dienstleister abzuwickeln ist. Voraussetzungen für die eigenständige Durchführung einer Studie sind

- das Vorhandensein von ausreichender Simulationskompetenz für den geplanten Zeitraum,
- eine eigene Lizenz über ein für die Aufgaben geeignetes Simulationswerkzeug.

Die Entscheidung über den Aufbau eigener *Simulationskompetenz* ist abhängig von der Häufigkeit der Durchführung von Studien und der Einbeziehung der Simulation in das operative Tagesgeschäft. Der Aufwand für die Ausbildung geeigneter Mitarbeiterinnen und Mitarbeiter, die permanente Kompetenzbereitstellung sowie die Kosten für die notwendige Software und ggf. Hardware müssen in diesem Zusammenhang mit ins Kalkül gezogen werden. Bei einmaligen oder sehr seltenen Anwendungen der Simulation ist auf die Leistung externer Dienstleistungsunternehmen auszuweichen. In jedem Fall muss eine Simulationsstudie in enger Kooperation zwischen Anwender bzw. Planer und Simulationsexperten durchgeführt werden. Umfassende Hinweise und Checklisten zur Durchführung von Simulationsstudien für Produktion und Logistik sind in (Wenzel et al. 2008; Rabe et al. 2008b) zu finden. Das grundsätzliche Vorgehen bei Simulationsprojekten gliedert sich grob in eine Definitions- und Angebotsphase, die eigentliche Durchführung der Simulationsstudie und eine mögliche Phase der Nachnutzung der Ergebnisse (z. B. der Simulationsmodelle) im Unternehmen (Abb. 1.8, erweitertes Vorgehensmodell nach Wenzel et al. 2008, angelehnt an Rabe et al. 2008b).

Vor Beginn einer Simulationsstudie ist die eigentliche Aufgaben- und Problemstellung festzulegen und mittels einer Situations- und Kostenanalyse zu prüfen, ob die Simulation gerechtfertigt ist und die zu untersuchenden Fragestellungen mittels Simulation beantwortet werden können (*Simulationswürdigkeit*). Bei der Formulierung der Ziele muss der Aufwand für Datenbeschaffung und Simulation gegenüber dem Nutzen der erzielbaren Ergebnisse abgewogen werden.

Ausgehend von dieser Zielbeschreibung, die das beauftragende Unternehmen in der Regel erstellt, und einem daraus resultierenden beauftragten Angebot beginnt die eigentliche Simulationsstudie, die sich nach einer Aufgabendefinition zum einen in die Phasen Systemanalyse, Modellformalisierung, Implementierung sowie Experimente und Analyse, zum anderen in die Phasen Datenbeschaffung und -aufbereitung unterteilt. Alle Phasen der Simulationsstudie (in Abb. 1.8 als Ellipsen dargestellt) sind in ihrer prinzipiellen Abfolge sukzessive nacheinander zu bearbeiten; grundsätzlich sind jedoch zwischen allen Phasen Iterationsschleifen möglich und sinnvoll, wenn das Ergebnis der vorangegangenen Phase nicht den Erwartungen in Bezug auf das erreichte Ergebnis entspricht. Die rechteckigen Kästchen in Abb. 1.8 kennzeichnen die jeweiligen Phasenergebnisse, die stets einer Verifikation und Validierung (V&V) unterzogen werden müssen (vgl. Abschn. 1.4.4). Im Folgenden werden die Phasen einer Simulationsstudie näher erläutert.

1.4.1 Aufgabendefinition

Konnte die Simulationswürdigkeit für die zu untersuchenden Fragestellungen ermittelt werden, sind zunächst Aufgaben und Ziele einschließlich der geplanten Experimente (Versuchsplan aufstellen) auch unter Berücksichtigung der Aufwandskalkulation und des

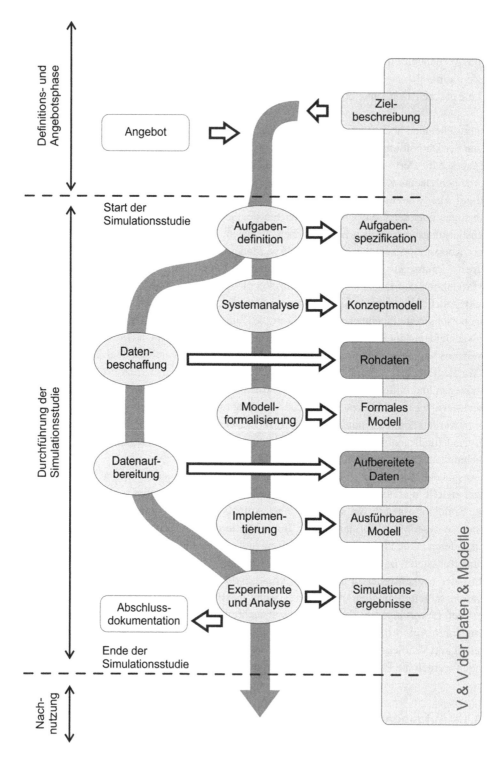

Abb. 1.8 Vorgehensweise bei der Simulation (vgl. Wenzel et al. 2008:6 angelehnt an Rabe et al. 2008b)

vorgegebenen Zeitplans zu konkretisieren und gegen andere Fragestellungen, die nicht zum Untersuchungsgegenstand gehören, abzugrenzen.

1.4.2 Modellbildung

Auf der Basis der Ergebnisse der Aufgabendefinition wird in der Systemanalyse ein Konzeptmodell des geplanten Simulationsmodells erarbeitet. Dieses Modell ist symbolisch und nicht experimentierbar und beschreibt die für die Aufgabenstellung relevanten Systemeigenschaften innerhalb der zu betrachtenden Systemgrenzen. Bestandteil einer Systemanalyse, bei der die Komplexität des Systems entsprechend den Untersuchungszielen durch sinnfällige Gliederung in seine Elemente aufgelöst wird (VDI 2014:23), ist daher die systematische Untersuchung eines Systems hinsichtlich seiner Daten, Elemente und deren Wechselwirkungen zueinander. Insbesondere sind eine gezielte Strukturierung des vorliegenden Originalsystems und eine Abstraktion auf die spezifischen Systemkennzeichen vorzunehmen, sodass ein auf das Wesentliche beschränktes Abbild des Originalsystems entsteht. Vor allem die ein System charakterisierenden Ablaufregeln wie Bearbeitungsreihenfolgen, Dispositionsregeln oder auch Störfallmanagementregeln müssen ggf. für eine Simulationsstudie erstmalig formuliert werden; dies kann einen nicht zu unterschätzenden Aufwand für den Planer und Modellersteller darstellen. Bei der Systemanalyse von logistischen Netzen muss ihrer Daten,- Struktur-, Ablauf- und Entscheidungskomplexität Rechnung getragen werden. Komplexitätsvermeidung und -reduktion und damit auch die Wahl des angemessenen Detaillierungsgrades zur Beschreibung der jeweiligen Untersuchungsgegenstände sind in diesem Anwendungsfeld von erheblicher Bedeutung (Buchholz und Clausen 2009).

Als Vorgehensweise zur Systemanalyse werden insbesondere der Top-down- und der Bottom-up-Ansatz unterschieden. Während der *Top-down-Ansatz* ein System in seiner Gesamtheit betrachtet und von diesem ausgehend detailliert, geht der *Bottom-up-Ansatz* vom Systemdetail aus und synthetisiert die Details schrittweise zu einem Ganzen. Die Abstraktion auf ein auf das Wesentliche beschränktes Abbild des Systems wird durch die Verfahren der *Reduktion* – Verzicht auf nicht relevante Einzelheiten – und der *Idealisierung* – Vereinfachung relevanter Einzelheiten – unterstützt.

Aufbauend auf dem Ergebnis der Systemanalyse wird in den nachfolgenden Phasen der Modellformalisierung und Implementierung das ablauffähige Simulationsmodell sukzessive umgesetzt. Die Modellformalisierung bereitet die Modellimplementierung über einen formalen Entwurf beispielsweise der oben erwähnten Ablaufregeln vor. In der Implementierungsphase erfolgt die Umsetzung in ein softwaretechnisches Abbild unter Verwendung eines Simulationsinstrumentes und unter den für dieses Werkzeug vorliegenden Rahmenbedingungen zur Modellierung. Dabei ist zu beachten, dass systemindividuelle Ablaufregeln und Strategien i. d. R. zusätzlich programmiert werden müssen. In einigen Werkzeugen stehen hierfür separate Eingabelogiken (z. B. Entscheidungstabellen) zur Verfügung.

Ebenfalls festgelegt und modelliert wird das Verhalten an den Systemgrenzen über die Abbildung von Quellen und Senken. Häufig kommen hier stochastische Verteilungen zum

Tragen, die das Ankunftszeitverhalten aus dem vorgelagerten System und das Bedien-
verhalten des nachgelagerten Systems in Annäherung beschreiben. Aufgrund der Tatsache, dass heute weniger Simulationssprachen, sondern eher Simulatoren mit vorde-
finierten Modellwelten zur Anwendung kommen, wird die Modellkonzeption oftmals
über das dem Simulator vorgegebene Modellierungskonzept bestimmt, sodass die Phase
der Modellformalisierung und die tatsächlichen EDV-technischen Umsetzung teilweise
parallelisiert werden können oder die Modellformalisierung ganz entfällt. Der Aufwand
für die Modellierung eines Systems ist abhängig vom tatsächlichen Systemumfang
(*Systemgröße, Komplexität der Strukturen und Abläufe*) sowie vom aufgrund der Zielsetzung und der Untersuchungsschwerpunkte notwendigen Detaillierungsgrad des Modells
(zu betrachtende *Systemdetails*). Detailaspekte zum Vorgehen bei der Modellbildung sind
(VDI 2016a; Rabe et al. 2008b; Wenzel et al. 2008) zu entnehmen.

1.4.3 Datenbeschaffung und -aufbereitung

Die Ermittlung, Aufbereitung und Abstimmung der Daten schließt sich unmittelbar an
die Aufgabendefinition an und kann zeitlich parallel zur Modellbildung erfolgen. Sie
umfasst im Rahmen einer Simulationsstudie einen aufwandsmäßig nicht zu unterschätzenden Anteil. Dies liegt zum einen in dem hohen Stellenwert der Eingangsdaten und
der damit verbundenen notwendigen Sorgfalt bei der Datenbeschaffung begründet, da
die Simulationsergebnisse nur so gut sein können wie die Eingangsdaten der Simulation.
Zum anderen bedarf bei existierenden Anlagen gerade die Datenbasis einer abschließen-
den Diskussion über verschiedene Planungsabteilungen hinweg; bei geplanten Anlagen
ist häufig nur eine sehr vorsichtige Abschätzung charakteristischer Daten möglich. Der
Prozess der Datenbeschaffung wird mit der Aufbereitung der Daten für die spezifische
Verwendung in der Simulation beispielsweise über Plausibilitätstests, Klassifikation und
Verdichtung abgeschlossen.

Zu den Daten, die ein System beschreiben, zählen in Anlehnung an (Meyer und Wenzel
1993; VDI 2014)

- *technische Daten* zur Beschreibung der Anlagentopologie sowie der einzelnen System-
  elemente,
- *Organisationsdaten* zur Definition der Arbeitszeit- und Ablauforganisation sowie der
  Ressourcenzuordnung,
- *Systemlastdaten*, bestehend aus Daten zur Beschreibung der Auftragseinlastung (z. B.
  Transport- oder Produktionsaufträge).

Die Komplexität und der Detaillierungsgrad der benötigten Daten unterscheiden sich entsprechend dem laut Aufgabenspezifikation geplanten Untersuchungsziel.

1.4.4 Verifikation und Validierung

Alle Phasenergebnisse einer Simulationsstudie von der Aufgabenspezifikation, über die beschafften Daten bis zu den Simulationsergebnissen unterliegen einer *permanenten Prüfung* im Hinblick auf *Korrektheit* von Inhalt und Struktur und *Angemessenheit* des Ergebnisses für die Anwendung. Wesentliche Voraussetzung ist dabei eine umfassende *Dokumentation* aller Phasenergebnisse einer Simulationsstudie, um sowohl das Phasenergebnis selbst als auch die Transformation des Ergebnisses aus dem vorherigen Phasenergebnis zu überprüfen (vgl. u. a. Balci 1998; Rabe et al. 2008b).

Die *Verifikation* umfasst den *Nachweis der Korrektheit* eines Phasenergebnisses (*Ist das Modell richtig? Sind die Daten richtig?*) und bezieht sich z. B. auf die Konsistenz der Aufgabenspezifikation aufgrund der vorgegebenen Zielbeschreibung, auf die Vollständigkeit der Datensätze oder auf die korrekte Umsetzung des formalen oder ablauffähigen Modells aus dem vorgegebenen Konzeptmodell. Je nach Simulationswerkzeug können unterschiedliche Verifikationsschritte erforderlich sein. Bei der Nutzung eines Simulators sind z. B. während und nach Abschluss der Implementierungsarbeiten für ein Simulationsmodell insbesondere die zusätzlich programmierten Steuerungsregeln auf Korrektheit zu überprüfen. Bei der Nutzung von Simulationssprachen ist hingegen das gesamte Simulationsprogramm zu verifizieren.

Neben der Verifikation dient die *Validierung* zur Prüfung beispielsweise der *Eignung* des Phasenergebnisses für die Aufgabenstellung oder auch der hinreichenden Übereinstimmung von Modell und Original (*Ist es das richtige Modell?*). Hier muss sichergestellt werden, dass das Modell das Verhalten des zu betrachtenden Systems im Sinne der Aufgabenstellung und nach bestem Wissen und Gewissen des Modellerstellers hinreichend genau und fehlerfrei widerspiegelt (*Angemessenheit* des Modells) und damit für die anschließenden Experimente Gültigkeit besitzt. Die *Gültigkeit* eines Modells bezieht sich auf die *strukturellen* Beziehungen, das *funktionale Verhalten*, die verwendeten *Datenbeschreibungen* (Daten und auch stochastische Verteilungen) und die *Anwendbarkeit des Modells* zur Analyse des zu betrachtenden Untersuchungsgegenstandes.

Zur Unterstützung von Verifikation und Validierung können unterschiedliche mehr oder weniger subjektive Verfahren zum Einsatz kommen. Als subjektive Verfahren sind die Animation oder die Validierung im Dialog zu nennen. Eine weniger subjektive Bewertung lassen z. B. die Sensitivitätsanalyse (Empfindlichkeitsanalyse) oder die gezielte Analyse des Modellverhaltens anhand von Extrembedingungen (z. B. Grenzwerttest) zu. Als eher objektive Verfahren lassen sich die statistische Prüfverfahren (z. B. Varianzanalyse, Kolmogorow-Smirnow-Anpassungstest, Chiquadrattest) bezeichnen. Mit der Modellabnahme durch den Auftraggeber wird i. d. R. die Modellverifikation und -validierung für einen Projektschritt (beispielsweise die Simulationsmodellerstellung) abgeschlossen.

Umfassende Ausführungen zur Verifikation und Validierung in Produktion und Logistik sind (Rabe et al. 2008b) zu entnehmen. Bezüglich einer Auflistung von Verifikations- und Validierungsverfahren sei auf (Balci 1998) verwiesen.

1.4.5 Simulationsexperimente und Analyse

Die durchzuführenden Experimente (vgl. Abschn. 1.1.1) sollen dem Anwender der Simulation Entscheidungshilfen für seine Aufgaben liefern. Eine Interpretation der Ergebnisse und die Ableitung von Maßnahmen für das zu untersuchende System sind allerdings nur möglich, wenn das erstellte Modell validiert (vgl. Abschn. 1.4.4) und in seinem Ablauf verständlich ist und wenn die Parametervariationen gezielt und systematisch erfolgen. Die geeignete Parametervariation hängt entscheidend von den individuellen Erfahrungen eines Planers oder Simulationsexperten ab und wird oft manuell vorbereitet, allerdings von einigen Simulationswerkzeugen oder ergänzenden Simulationsassistenzwerkzeugen (teil-)automatisch umgesetzt. Mittels der statistischen Experimentplanung (vgl. hierzu auch VDI 3633, Blatt 3 VDI 1997b) kann die systematische Variation der Eingangsparameter unterstützt werden.

Die Planung der Simulationsexperimente und der zugehörigen Simulationsläufe ist bedingt durch die abgebildeten zufälligen Einflüsse auch unter Beachtung der statistischen Signifikanz der Simulationsergebnisse durchzuführen. Dies beinhaltet die Festlegung einer hinreichenden Anzahl an Replikationen eines Simulationslaufes bei veränderten Startwerten der Zufallsverteilung sowie die Bestimmung der geeigneten Dauer der jeweiligen Simulationsläufe.

Die Verwendung mathematischer *Optimierungsverfahren* (vgl. VDI 2016b) erlaubt eine teilweise automatische Bestimmung und Variation der Parameterwerte. In diesem Zusammenhang ist die Definition einer Zielfunktion notwendig, die sich aus gewichteten, einheitlich bewerteten Simulationszielen ergibt und auf ihre Extremwerte hin untersucht wird.

Die Qualität der erzielten Ergebnisse hängt entscheidend von der Qualität der verwendeten Daten und der Präzision der im Vorfeld durchgeführten Arbeiten ab. Je nach Anzahl der bekannten und unbekannten Größen für das System und für die Systemlast lassen sich allerdings im Rahmen der Simulationsexperimente nur bestimmte Aussagequalitäten erzielen. Tab. 1.1 gibt einen Überblick über den Zusammenhang zwischen System bzw. Systemlast einerseits und den erzielbaren Qualitäten der Simulationsergebnisse andererseits.

Die Ergebnisinterpretation erfolgt stets in Zusammenarbeit zwischen Planer bzw. Auftraggeber und Simulationsexperten, da nur im gemeinsamen Gespräch auf der Basis des Simulationsmodells als Kommunikationswerkzeug ein gemeinsames Systemverständnis erzielt und Ansätze für Verbesserungsmaßnahmen gefunden werden können.

Die Aufbereitung der Ergebnisse zur Interpretation findet bereits während oder unmittelbar nach der Durchführung der Experimente statt. Man unterscheidet zwischen der tabellarischen und grafischen Darstellung kumulierter Ergebnisse sowie der Visualisierung zeitvarianter Sachverhalte (vgl. VDI 2009). Im erstgenannten Fall werden die Daten nach aussagekräftigen Kennzahlen wie Füllgrad, Durchsatz oder Störanteile aufbereitet. Allerdings reicht zur Interpretation der Ergebnisse die Betrachtung von Mittelwerten nicht aus; Minimal- und Maximalwerte sowie die Varianz sind in die Interpretation einzubeziehen. Typische statische Visualisierungen sind in Abb. 1.9 dargestellt.

Tab. 1.1 Experimente und Ergebnisaussagen

Fall	System	Systemlast	Simulationsergebnis
1	bekannt	bekannt	Funktionalität der Technik und der Systemorganisation
2	unbekannt (Variation der technischen Möglichkeiten)	bekannt	Ermittlung technischer und organisatorischer Alternativen (Fördertechnik, Lagertechnik, Streckenführung)
3	bekannt	unbekannt (Variation der Rahmenbedingungen)	Leistungsgrenzen
4	unbekannt	unbekannt	allgemeingültige Aussagen über typische Systemstrukturen (Grundlagenforschung)

(Parametervariation)

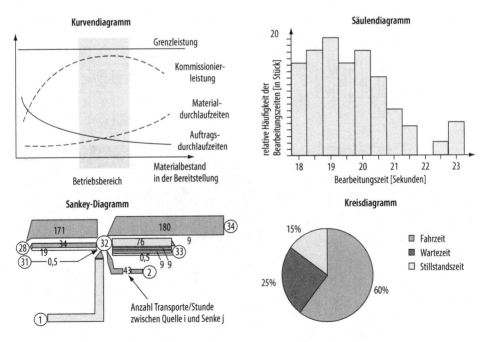

Abb. 1.9 Formen der Ergebnisdarstellung

Ergänzend hierzu werden zur Darstellung von Sachverhalten über die Zeit auch das *Monitoring* sowie die 2D- und/oder 3D-*Animation auf der Basis eines Modells* genutzt. Das Monitoring verdeutlicht Verläufe von Kennzahlen in Form von zeitabhängigen Diagrammen wie Zeitreihen, visualisierten Analoganzeigen (z. B. Füllstandsanzeige, Thermometer) oder einfachen Symbolen und Texten; es bezieht sich auf die grafische Repräsentation ausgewählter charakteristischer Kennzahlen während eines Simulationslaufes (d. h. *online* zum Simulationslauf).

Die Animation als Visualisierung der Abläufe auf der Basis eines Modells kann ebenfalls online (d. h. während eines Simulationslaufes), aber auch offline als Playback-Animation durchgeführt werden. Die dabei verwendeten Repräsentationen unterscheiden sich hinsichtlich des Grades der visuellen Deskription (vgl. Wenzel 1998; VDI 2009). Symbolische Repräsentationen verdeutlichen ein Modell über „einfache", von der Realität sehr stark abstrahierte 2D- oder auch 3D-Symbole. Die verwendeten Symbolwelten richten sich entweder nach der über das Modellierungskonzept implizierten Symbolik (Petri-Netze, Automatentheorie) oder nutzen abstrakte Beschreibungsformen für Funktionen oder Topologien, die beispielsweise angelehnt an Ablaufpläne für Fertigungssysteme

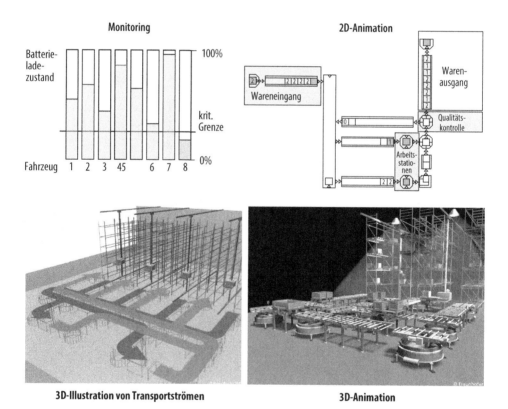

Abb. 1.10 Beispiele für Monitoring und Animation

Funktionen wie Montieren und Transportieren oder auf der Basis von Topologien Anlagenelemente wie Weichen und Strecken repräsentieren.

Ikonische (stilisierte oder realitätsnahe) Abbildungen stellen über die Art ihrer Ausgestaltung bezüglich typischer visueller Merkmale einen gewissen Realitätsbezug her. Über eine zusätzliche *maßstabsgerechte* Nachbildung des Modells kann eine bessere Wiedergabe der tatsächlichen Dimensionen erreicht werden.

Fotorealistische Repräsentationsformen geben dem Betrachter ein der Realität angelehntes Abbild wieder. Über die Erweiterung der darzustellenden Informationsinhalte um Reflexion, Schatten sowie räumliche Sachverhalte in der 3. Dimension wird die stärkste Beziehung zur Realität erzielt (Abb. 1.10).

Vor allem die *3D-Animation* hat aus reinen Marketinggesichtspunkten einen sehr hohen Stellenwert für die Simulation logistischer Systeme erreicht. Gerade deshalb ist darauf hinzuweisen, dass sich nicht alle Sachverhalte über eine 3D-Animation sinnvoll und zweckmäßig beschreiben lassen. Hierzu zählen insbesondere die Visualisierung abstrakter funktionaler Sachzusammenhänge, die nicht des direkten Realitätsbezugs bedürfen, sowie die Präsentation von Kenngrößen wie Durchsatz, Durchlaufzeit oder Bestand. Des Weiteren ist zu bedenken, dass die Qualität einer Animation nichts über die Validität des Simulationsmodells und die Qualität der Simulationsergebnisse aussagt.

1.5 Anwendung im betrieblichen Umfeld

Mit der Etablierung der Simulation in den Unternehmen setzt sich auch ihre Anwendung im betrieblichen Umfeld immer stärker durch. Sie reicht von der Nutzung der Simulation zur Unterstützung im Planungsprojektablauf, der Integration der Simulation in PPS/ERP – oder Warenwirtschaftssysteme über die Personalqualifizierung bis hin zu simulationsgestützten Assistenzsystemen.

Die Anwendung der Simulation zur Unterstützung im Planungsprojektablauf und die Verwendung der Simulationsmodelle als *Kommunikationswerkzeuge* in Planungsteams erlaubt über die Einführung eines Modellmanagements die Unterstützung einer durchgängigen am Planungsziel orientierten Fortschrittskontrolle. Mit dieser Vorgehensweise wird der Planung als gedankliche Vorwegnahme der Zukunft Rechnung getragen und auch ihre dynamischen Aspekte und Ergebnisse als Simulationsmodelle in fortschrittlicher Weise vollständig und standardisiert dokumentiert.

Bei der Unterstützung von *PPS/ERP-Systemen* stehen die primär betriebswirtschaftlichen Aufgaben im Vordergrund; hierzu zählen die Produktionsprogrammplanung, die Mengenplanung, die Termin- und Kapazitätsplanung, die Auftragsfreigabe und die Auftragsüberwachung. Ein hohes Potenzial der Simulation in diesem Anwendungsbereich liegt in der Tatsache begründet, dass im operativen Einsatz kurzfristig Planungsergebnisse mittels Simulation bestätigt bzw. verbessert werden können, sodass eine abgesicherte und ggf. sogar verbesserte aktuelle Produktion erzielt werden kann.

Im Rahmen der *Personalqualifizierung* stellt die Simulation durch ihre anschauliche Darstellung von dynamischen Abläufen und Steuerungseffekten ein hervorragendes Schulungsinstrument dar. Simulationsmodelle ermöglichen dem Lernenden system- und anlagenspezifische Abläufe und Wirkzusammenhänge virtuell zu explorieren und zu erfahren.

Ein weiteres Anwendungsfeld sind *simulationsgestützte Assistenzsysteme*, die dem Disponenten vor Ort eine Entscheidungsunterstützung bei der aktuellen Auftrags-, Personal- oder Ressourcendisposition ermöglichen. Hierbei spielen Fragen des kurzfristigen Störfallmanagements ebenso eine Rolle wie Fragen des Einsatzes individueller Arbeitszeitmodelle. Um den Experten vor Ort bei der Bearbeitung der anfallenden logistischen Aufgaben eine angemessene Unterstützung zu bieten, müssen die Assistenzsysteme zusätzliche, auf die konkrete Aufgabe zugeschnittene Funktionen und Bedienungsabläufe beinhalten bzw. abbilden. So werden beispielsweise Assistenzsysteme als Entscheidungsunterstützungssysteme unter expliziter Einbindung des Erfahrungswissens von Logistikexperten und seiner Situationskenntnis definiert, um Entscheidungsalternativen in der Planung und Steuerung logistischer Netzwerke (z. B. zur Unterstützung der operativen Lieferkettensteuerung oder der Bestandsplanung in logistischen Netzwerken) zu identifizieren, zu konfigurieren und die Netzdynamik simulativ zu bewerten (vgl. hierzu u. a. Klingebiel et al. 2010; Hegmanns und Parlings 2012; Hegmanns et al. 2012; Klingebiel et al. 2014). Als IT-Systeme ergänzen sie existierende SCM-, ERP- oder Operativsysteme um individuelle Funktionalitäten zur Erfassung von Zustands- und Operativdaten, zur Konfiguration und Bewertung von Entscheidungsalternativen sowie zur kollaborativen Entscheidungsfindung und Realisierung (Kuhn und Hellingrath 2007).

Einen wichtigen Stellenwert haben die Einbettung der Software in das Arbeitsumfeld und die Organisation, in der der Bediener des Systems seine Aufgaben bearbeitet. Die Simulation selbst besitzt eine ideale Position zwischen Technik und Bediener im Problemlösungsprozess, da die Fähigkeiten des Menschen wie Kreativität, Erfahrung und Intuition mit den Notwendigkeiten der Technik (Berechnung, Bewertung und Informationsbereitstellung) bei der Problemlösung verbunden werden können.

1.5.1 Integrationsaspekte

Die Simulation hat sich als modernes modellgestütztes Analysewerkzeug etabliert und unterstützt in Planungsprojekten Entscheidungen und Vorgehensweisen. Allerdings führen der Trend zur Produktindividualisierung, die kurzen Produktlebenszyklen (neue Produktgenerationen in immer kürzeren Zyklen) und die Notwendigkeit der Unternehmen, schnell am Markt zu agieren, dazu, dass die Simulationsmodelle als Basis eines kontinuierlichen Verbesserungsprozesses permanent Verwendung finden müssen. Die *Wiederverwendung* der entstandenen Modelle für zukünftige Planungsaufgaben mit analogen Fragestellungen sowie die *Weiterverwendung* der Modelle für die im Anlagenlebenszyklus zu einem späteren Zeitpunkt anfallenden Aufgaben (z. B. während der Inbetriebnahme oder des

Anlagenbetriebes) sind Forderungen an Modellentwickler und Simulationsexperten. Die Reduktion des zeitlichen Planungshorizontes verlangt darüber hinaus die Parallelisierung von vormals sequenziell ablaufenden Planungsschritten im Sinne eines Simultaneous Engineering.

Ein Forschungsansatz zur Integration ist die Schaffung *interoperabler Modelle* zur verbesserten Modellierung zu betrachtender Gesamtzusammenhänge einerseits und zur Aufwandsreduzierung bei der Modellierung durch verteiltes Arbeiten andererseits. Die Ansätze zur Modellinteroperabilität beziehen sich z. B. auf die Kopplung verschiedenartiger Simulationsmodelle (z. B. ereignisdiskret und kontinuierlich) wie sie beispielsweise zum Aufbau hybrider Simulationsmodelle in der verfahrenstechnischen Industrie benötigt werden oder zurzeit verstärkt bei der ergänzenden Betrachtung energetischer Aspekte in Frage kommen.

Darüber hinaus spielt die Verknüpfung von Modellen unterschiedlicher Klassen (beispielsweise Konstruktions-, Ergonomie- und Ablaufsimulationsmodelle) im Rahmen der Digitalen Fabrik eine wichtige Rolle (vgl. VDI 2008; Bracht et al. 2011; VDI 2016c). Die *Digitale Fabrik* bezeichnet den „Oberbegriff für ein umfassendes Netzwerk von digitalen Modellen, Methoden und Werkzeugen – u. a. der Simulation und 3D-Visualisierung –, die durch ein durchgängiges Datenmanagement integriert werden. Ihr Ziel ist die ganzheitliche Planung, Evaluierung und laufende Verbesserung aller wesentlichen Strukturen, Prozesse und Ressourcen der realen Fabrik in Verbindung mit dem Produkt." (VDI 2008:3). Digitale Fabriken stellen somit die für die durchgängige Planung und Bewirtschaftung von Logistik- und Produktionssystemen notwendige IuK-Infrastruktur einer interdisziplinären Zusammenarbeit im Unternehmen dar. Sie zeichnen sich heute als die Basis des integrierten, verteilten Arbeitens im gesamten Anlagenlebenszyklus ab, da sie ein durchgängiges modellbasiertes Bearbeiten zulassen.

Aktuelle IT-Technologien schaffen zudem die technischen Voraussetzungen, um die Simulation anwenderfreundlich sowie kostengünstig in Planungs- und Steuerungssysteme zu integrieren und bedarfsgerecht bereitzustellen (vgl. Kamphues et al. 2013). Viele Aspekte, welche die Komplexität von Simulationsmodellen ausmachen (bspw. Aufbau und Parametrierung), können hinter intuitiv bedienbaren Frontends verborgen werden. Auf serviceorientierte IT-Architekturen aufbauende Konzepte bieten neue Möglichkeiten einer verteilten kooperativen Erstellung und Nutzung von Simulationsmodellen (*Serviceorientierung*). Den mit der Simulation einhergehenden technischen Anforderungen hinsichtlich Rechner- und Speicherleistung wird mithilfe cloudbasierter Ansätze begegnet. Je nach Simulationsumfang können so die benötigten Rechenleistungen abgerufen und die kostenintensive Rechnerressource durch viele Nutzer gleichsam effizient genutzt werden.

Auch in die aktuellen Entwicklungen im Kontext von *Industrie 4.0* (vgl. beispielsweise Abele und Reinhart 2011) wird die Simulation als Basistechnologie eingebunden, da sie eine wesentliche Grundlage für die Verbindung von Realität und Virtualität darstellt und daher zukünftig für die Umsetzung des sogenannten Digitalen Zwillings eines logistischen Systems zum Einsatz kommen wird.

Literatur

Abele E, Reinhart G (2011) Zukunft der Produktion, Herausforderungen und Chancen. Carl Hanser, München

ASIM-Fachgruppe Simulation in Produktion und Logistik (1997): Leitfaden für Simulationsbenutzer in Produktion und Logistik. Mitteilungen aus den Fachgruppen, H 58

Balci O (1998) Verification, Validation, and Testing. In: Banks J (Hrsg) Handbook of Simulation. John Wiley, New York, S 335-393

Banks J (1998) (Hrsg) Handbook of Simulation. John Wiley, New York

Bayer J, Collisi T, Wenzel S (2003) (Hrsg) Simulation in der Automobilproduktion. Springer, Berlin

Bossel H (2004) Systeme, Dynamik, Simulation. Modellbildung, Analyse und Simulation komplexer Systeme. Books on Demand, Norderstedt

Bracht U, Geckler D, Wenzel S (2011) Digitale Fabrik – Methoden und Praxisbeispiele. Springer, Berlin

Buchholz P, Clausen U (2009) (Hrsg) Große Netze der Logistik – Die Ergebnisse des Sonderforschungsbereichs. Springer, Berlin

Claus V, Schwill A (2006) Duden Informatik. Dudenverlag, Mannheim

Craemer D (1985) Mathematisches Modellieren dynamischer Vorgänge. Leitfäden der angewandten Informatik. Teubner, Stuttgart

Dangelmaier W, Laroque C, Klaas A (2013) (Hrsg) Simulation in Produktion und Logistik 2013. W.V. Westfalia Druck GmbH, Paderborn

DIN (2014) DIN IEC 60050-351 – Internationales Elektrotechnisches Wörterbuch. Teil 351: Leittechnik. Beuth, Berlin

Fahrmeir L, Heumann C, Künstler R, Pigeot I, Tutz G (2016) Statistik: Der Weg zur Datenanalyse. 8. Aufl, Springer, Berlin Heidelberg

Fishman GS (1973) Concepts and Methods in Discrete Event Digital Simulation. Wiley & Sons, New York

Georgii H-O (2015) Stochastik: Einführung in die Wahrscheinlichkeitstheorie und Statistik. 5. Aufl, de Gruyter, Berlin, Boston

Hegmanns T, Parlings M (2012) Dezentrale Informationssysteme für das Supply Chain Event Management. In: Müller E (Hrsg) Intelligent vernetzte Arbeits- und Fabriksysteme. Tagungsband zur Fachtagung „Vernetzt planen und produzieren VPP2012". Inst. für Betriebswiss. und Fabriksysteme, Chemnitz, S 97-106

Hegmanns T, Klingebiel K, Winkler M, Bruns C (2012) Service-basierte Assistenzsystembausteine für die taktische Optimierung der Bestandsstrategie. In: Wolf-Kluthausen H (Hrsg) Jahrbuch der Logistik 2012. HUSS Verlag, München, S 44-49

Kamphues J, Groß S, Korth B, Zajac M, Hegmanns T (2013) Serviceorientierte Referenzarchitektur für logistische Assistenzsysteme zur simulationsbasierten Entscheidungsunterstützung. In: Dangelmaier W, Laroque C, Klaas A (Hrsg) Simulation in Produktion und Logistik 2013. W.V. Westfalia Druck GmbH, Paderborn, S 145-155

Klinger A, Wenzel S (2000) Referenzmodelle – Begriffsbestimmung und Klassifikation. In: Wenzel S (Hrsg) Referenzmodelle für die Simulation in Produktion und Logistik. Reihe Fortschritte in der Simulationstechnik. SCS, Ghent, S 13-29

Klingebiel K, Toth M, Wagenitz A (2010) Logistische Assistenzsysteme. In: Pradel U-H, Süssenguth W, Piontek J, Schwolgin AF (Hrsg) Praxishandbuch Logistik – Erfolgreiche Logistik in Industrie, Handel und Dienstleistungsunternehmen. Deutscher Wirtschaftsdienst, Köln

Klingebiel K, Hackstein L, Cirullies J. Parlings M, Hesse K, Hohaus C, Jung E-N (2014) Ressourceneffiziente Logistik. In: Neugebauer R (Hrsg) Handbuch Ressourcenorientierte Produktion. Hanser, München, S 719-747

Kuhn A, Reinhardt A, Wiendahl H-P (1993) (Hrsg) Handbuch Simulationsanwendungen in Produktion und Logistik. Reihe Fortschritte in der Simulationstechnik. Bd 7, Vieweg, Braunschweig

Kuhn A, Rabe M (1998) (Hrsg) Simulation in Produktion und Logistik. Fallbeispielsammlung. Springer, Berlin

Kuhn A, Laakmann F (2001) Beherrschung großer Logistiknetze – Fragestellungen und Lösungskonzepte. Industrie Management 17:37-40

Kuhn A, Hellingrath B (2007) Logistik und IT als wechselseitige Impulsgeber. In: ten Hompel M (Hrsg): Software in der Logistik. Prozesse Vernetzung Schnittstellen. Huss-Verlag, München, S 14-21

Law AM (2014) Simulation Modeling and Analysis. 5. Aufl, McGraw-Hill, Boston

Lehn J, Wegmann H (2006) Einführung in die Statistik. 5. Aufl, Vieweg und Teubner, Wiesbaden

Mattern F, Mehl H (1989) Diskrete Simulation – Prinzipien und Probleme der Effizienzsteigerung durch Parallelisierung. Informatik-Spektrum 12:198-210

Meyer R, Wenzel S (1993) Kopplung der Simulation mit Methoden des Datenmanagements. In: Kuhn A, Reinhardt A, Wiendahl HP (Hrsg) Handbuch Simulationsanwendungen in Produktion und Logistik. Reihe Fortschritte der Simulationstechnik. Bd 7, Vieweg, Braunschweig, S 347-368

Niemeyer G (1990) Simulation. In: Kurbel K, Strunz H (Hrsg) Handbuch Wirtschaftsinformatik. Schäffer- Poeschel, Stuttgart, S 435-456

Noche B, Wenzel S (1991) Marktspiegel Simulationstechnik in Produktion und Logistik. TÜV Verl. Rheinland, Köln

Rabe M, Hellingrath B (2000) (Hrsg) Handlungsanleitung Simulation in Produktion und Logistik. SCS International, San Diego

Rabe M (2008a) (Hrsg) Advances in Simulation for Production and Logistics Applications. 13. ASIM-Fachtagung. Fraunhofer-IRB Verlag, Stuttgart

Rabe M, Spieckermann S, Wenzel S (2008b) Verifikation und Validierung für die Simulation in Produktion und Logistik – Vorgehensmodelle und Techniken. Springer, Berlin

Rabe M, Clausen U (2015) (Hrsg) Simulation in Production and Logistics 2015. TU Dortmund. Fraunhofer Verlag, Stuttgart

Robinson S (2004) Simulation: The Practice of Model Development and Use. John Wiley & Sons, Chichester

Schmidt B (1988) Simulation von Produktionssystemen. In: Feldmann K, Schmidt B (Hrsg) Simulation in der Fertigungstechnik. Fachber. Simulation. Bd 10, Springer, Berlin, S 1-45

Stachowiak H (1973) Allgemeine Modelltheorie. Springer, Wien

VDI (1997a) VDI 3633 Blatt 4: Simulation von Logistik-, Materialfluss- und Produktionssystemen. Auswahl von Simulationswerkzeugen, Leistungsumfang und Unterscheidungskriterien. Beuth, Berlin

VDI (1997b) VDI 3633 Blatt 3: Simulation von Logistik-, Materialfluss- und Produktionssystemen. Experimentplanung und -auswertung. Beuth, Berlin

VDI (2008) VDI 4499 Blatt 1: Digitale Fabrik. Grundlagen. Beuth, Berlin

VDI (2009) VDI 3633 Blatt 11: Simulation von Logistik-, Materialfluss- und Produktionssystemen. Simulation und Visualisierung. Beuth, Berlin

VDI (2014) VDI 3633 Blatt 1: Simulation von Logistik-, Materialfluss- und Produktionssystemen. Grundlagen. Beuth, Berlin

VDI (2016a) VDI 4465 Blatt 1: Modellierung und Simulation. Modellbildungsprozess. Entwurf. Beuth, Berlin

VDI (2016b) VDI 3633, Blatt 12: Simulation von Logistik-, Materialfluss- und Produktionssystemen, Simulation und Optimierung. Entwurf. Beuth, Berlin

VDI (2016c) VDI 4499 Blatt 3: Digitale Fabrik. Datenmanagement und Systemarchitekturen. Entwurf. Beuth, Berlin

Wenzel S (1998) Verbesserung der Informationsgestaltung in der Simulationstechnik unter Nutzung autonomer Visualisierungswerkzeuge. Dissertation, TU Dortmund

Wenzel S (2000) (Hrsg) Referenzmodelle für die Simulation in Produktion und Logistik. Reihe Fortschritte in der Simulationstechnik. SCS, Ghent 2000

Wenzel S (2006) (Hrsg) Simulation in Produktion und Logistik. Tagungsband zur 12. ASIM-Fachtagung Simulation in Produktion und Logistik. SCS Publishing House, San Diego und Erlangen

Wenzel S, Weiß M, Collisi-Böhmer S, Pitsch H, Rose O (2008) Qualitätskriterien für die Simulation in Produktion und Logistik. Springer, Berlin

Wunsch G (1986) Handbuch der Systemtheorie. Akademie Verlag, Berlin

Wüsteneck KD (1963) Zur philosophischen Verallgemeinerung und Bestimmung des Modellbegriffes. Dt. Z. f. Philosophie, H 12

Zeigler BP (1991) Object-Oriented Modeling and Discrete-Event Simulation. Advanced in Computers 33:67-114

Zülch G, Stock P (2010) (Hrsg) Integrationsaspekte der Simulation: Technik, Organisation und Personal. KIT Scientific Publishing, Karlsruhe

Auktionen in logistischen Systemen

2

Dirk Briskorn

2.1 Grundlagen

Auktionen sind generische Allokations- und Preisfindungsmechanismen. In einem Markt bzw. einer konkreten Verhandlungssituation, in der (potenziell) mehrere Güter oder Dienstleitungen von (potentiell) mehreren Anbietern angeboten und von (potentiell) mehreren Nachfragern nachgefragt werden, wird mittels einer Auktion bestimmt,

- welcher Nachfrager welche Güter oder Dienstleitungen erhält und welchen Preis er dafür zahlt und
- welcher Anbieter welche Güter oder Dienstleitungen verkauft und welchen Preis er dafür erhält.

Der Einfachheit halber wird in diesem Beitrag im Folgenden nur noch von Gütern die Rede sein. Sehr wohl bezieht sich jedoch alles folgende auch auf Dienstleistungen.

Typischerweise geben in einer Auktion Anbieter und/oder Nachfrager Gebote ab, d. h. sie übermitteln ihr Wertempfinden bzgl. einer konkreten Gütermenge. Ein Nachfrager vermittelt so, dass er höchstens den übermittelten Wert zu zahlen bereit ist, um das Güterbündel zu erhalten. Ein Anbieter vermittelt, dass er mindestens den übermittelten Wert erhalten möchte, um das Güterbündel abzugeben.

Eine zentrale Instanz, der Auktionator, entscheidet, welche Gebote gewinnen und welche Gebote verlieren. Ein gewinnendes Gebot eines Nachfragers bedeutet, dass dieser

D. Briskorn (✉)
Schumpeter School of Business and Economics, Bergische Universität Wuppertal, Rainer-Gruenter-Str. 21, Wuppertal, Deutschland
e-mail: briskorn@wiwi.uni-wuppertal.de

Nachfrager die Güter, die durch das Gebot adressiert waren, erhält. Ein gewinnendes Gebot eines Anbieters bedeutet, dass der Anbieter die Güter, die durch das Gebot adressiert waren, verkauft. Zudem entscheidet der Auktionator, welche Beträge die Nachfrager zahlen bzw. die Anbieter erhalten.

Auch wenn es Auktionsformate gibt, bei denen mehrere Anbieter und mehrere Nachfrager verschiedene Güterarten handeln, lassen sich in der Praxis vorwiegend solche Auktionsformate beobachten, in denen es nur einen Anbieter oder nur einen Nachfrager gibt und in denen nur ein Gut gehandelt wird. Dies liegt vor allem an der hohen Komplexität, die sich in allgemeineren Formaten sowohl für die Teilnehmer als auch für den Auktionator ergibt.

Durch zunehmende Vernetzung von EDV-Systemen und steigende Rechnerkapazitäten hat der Einsatz von Auktionen zur Allokation von Ressourcen und zur Preisfindung seit Beginn der 1990er Jahre stark zugenommen. Das populärste Beispiel hierfür ist mit Sicherheit eBay. Auch komplexere Auktionsformate werden inzwischen zunehmend eingesetzt.

In diesem Beitrag sollen die wesentlichen Entwurfskomponenten einer Auktion vorgestellt und einige populäre Auktionsformen erläutert werden. Zudem wird die Verwendung von Auktion zur Ressourcenallokation in logistischen Systemen beschrieben und erläutert.

2.2   Auktionsformen

Eine Auktion wird durch ein Regelwerk spezifiziert. Es legt z. B. fest, welche Form die Gebote haben, wann sie abgegeben werden, wie bei vorliegenden Geboten die Gewinner bestimmt werden und welche Preise von den Gewinnern erhoben werden. Dieses Regelwerk ist vor Beginn einer Auktion vollständig bekannt. Im Folgenden unterscheiden wir danach, ob nur ein Gut oder mehrere Güter simultan versteigert werden. Als Referenz für weitere Details zu den in diesem Abschnitt behandelten Inhalten sei auf Krishna (2009) verwiesen.

2.2.1   Eingutauktionen

Bei eindimensionalen Auktionen werden die Präferenzen der Bieter durch einen einzelnen Parameter geäußert. Die populärste Variante ist die, in der ein einzelnes Gut versteigert wird und die Bieter mittels Geboten ihr Wertempfinden äußern. Die vier bekanntesten Auktionsformen dieser Art sind im Folgenden näher erläutert.

Englische Auktionen

Bei der Englischen Auktion wird zunächst ein Mindestpreis bestimmt. Ausgehend von diesem Mindestpreis werden Gebote abgegeben, deren Wert den des aktuell höchsten Gebots übertreffen. Wenn kein weiteres Gebot mehr abgegeben wird, gewinnt das bis dato höchste Gebot. Der Bieter erhält das Gut zu einem Preis der dem Wert seines Gebotes entspricht. Diese Auktion wird häufig verwendet, wenn nur eine Einheit des Gutes versteigert werden soll.

Holländische Auktionen

Bei der Holländischen Auktion wird ein Startpreis bestimmt, der dann im Laufe der Zeit verringert wird. Sobald ein Bieter den aktuellen Preis akzeptiert, bekommt er den Zuschlag. Dieser Bieter erhält das Gut dann zu dem aktuellen Preis. Im Gegensatz zur Englischen Auktion haben die Bieter hier also keine Gelegenheit, auf eine Aktion der anderen Bieter zu reagieren. Dies hat zur Folge, dass Holländische Auktionen tendenziell früher enden als englische.

Verdeckte Auktionen

Es gibt zwei populäre verdeckte Auktionsformate, die sich lediglich in der Preisbestimmung unterscheiden. Bei verdeckten Auktionen geben die Bieter ihre Gebote so ab, dass die anderen Bieter sie nicht kennen, z. B. in einem verschlossenen Umschlag. Der Auktionator sammelt alle Gebote und bestimmt den Bieter mit dem höchsten Gebot als Gewinner. In der verdeckten Erstpreisauktion zahlt der Gewinner einen Preis, der dem Wert seines Gebotes entspricht. In der verdeckten Zweitpreisauktion (oder auch Vickreyauktion) zahlt der Gewinner einen Preis, der dem Wert des höchsten verlierenden Gebotes entspricht. Ein kleines Beispiel verdeutlicht den Sachverhalt.

In Tab. 2.1 sehen wir drei Gebote auf ein Gut. In beiden verdeckten Auktionen gewinnt Bieter 1. Während er in der Erstpreisauktion den Wert seines eigenen Gebotes zahlt (also 9), zahlt er bei der Zweitpreisauktion nur den Wert des Gebotes von Bieter 2 (also 7). Beide Varianten haben Vor- und Nachteile.

- Für die Bieter macht es in der Erstpreisauktion Sinn, nicht wahrheitsgemäß zu bieten. Durch ein Gebot, das niedriger ausfällt als das tatsächliche Wertempfinden, kann der Bieter versuchen, einen niedrigeren Kaufpreis zu erreichen. Bei der Zweitpreisauktion ist das anders. Ein intuitives Argument besteht darin, dass der Bieter durch sein Gebot nur beeinflussen kann, ob er gewinnt, aber nicht welchen Preis er zahlen muss, wenn er den Zuschlag erhält. D. h. dass es für ihn keinen Sinn macht, weniger zu bieten, da er damit nur die Wahrscheinlichkeit zu gewinnen reduziert, aber nicht den Preis, den er zahlen muss, falls er gewinnt. Der Bieter kann seine Situation also nicht dadurch

Tab. 2.1 Gebote in verdeckten Auktionen

Bieter	1	2	3
Gebot	9	7	1

verbessern, dass er nicht wahrheitsgemäß bietet. Wir sagen dann, dass wahrheitsgemäßes Bieten eine dominante Strategie ist.

Der Auktionator strebt üblicherweise eine Allokation an, die wohlfahrtsmaximierend
ist, d. h. die Güter sollten den Bietern zugeschlagen werden, die ihnen den größten Wert
beimessen. Dies ist natürlich ausgeschlossen, wenn die Bieter ihr Wertempfinden gar
nicht wahrheitsgemäß übermitteln. Daher unterstützen Zweitpreisauktionen in diesem
Sinne wohlfahrtsmaximierende Auktionen, während Erstpreisauktionen dies nicht tun.

• Die Einnahmen für die versteigerten Güter können in einer Zweitpreisauktion sehr
niedrig ausfallen, selbst wenn es Bieter mit einem hohen Wertempfinden für das zu
versteigernde Gut gibt. Wenn wir annehmen, dass Bieter 2 in Tab. 2.1 ebenfalls nur
ein Gebot in Höhe von 1 abgibt, dann zahlt der Gewinner 1 nur 1, obwohl er selber
ein sehr viel höheres Wertempfinden hat und der Verkäufer damit auch einen höheren
Preis erzielen könnte. Wie oben besprochen, würde Bieter 1 in einer Erstpreisauktion
vermutlich weniger als sein tatsächliches Wertempfinden bieten, aber nicht sehr viel
weniger, da er dann befürchten muss, das Gut gar nicht zu erhalten.

2.2.2 Mehrgutauktionen

Wenn mehrere Güter versteigert werden sollen, kann das erreicht werden, indem alle
Güter in einer bestimmten Reihenfolge nacheinander versteigert werden. Dies würde den
Einsatz von Eingutauktionen wie in Abschn. 2.2.1 ermöglichen. Hierbei treten jedoch
verschiedene Probleme, u. a. das sogenannte Exposure Problem, auf. Dieses entsteht,
weil zwischen verschiedenen Gütern Komplementaritäten oder Ersetzbarkeiten auftreten
können. D. h. das Wertempfinden bzgl. eines Bündels von Gütern bestehend aus A und
B kann höher oder niedriger ausfallen als die Summe der einzelnen Wertempfindungen
für A und für B. Das Exposure Problem kann dann zu verschiedenen Effekten führen.
Sie alle haben gemein, dass ihre Ursache darin liegt, dass Bieter und Auktionator in einer
bestimmten Auktion eine Strategie festlegen müssen und keine Kenntnis über die Allokation in späteren Auktionen haben.

In Tab. 2.2 sind drei verschiedene Auktionen dargestellt. In Auktionen 1 und 2 werden
zwei Güter A und B versteigert. In Auktion 3 werden drei Güter A, B und C versteigert.
Wenn wir annehmen, dass Güter A, B (und C) in dieser Reihenfolge nacheinander versteigert werden, sieht zumindest Bieter 1 sich jeweils einem Problem ausgesetzt.

Tab. 2.2 Wertempfinden mit Synergieeffekten

Auktion 1	1	2	3
A	6	7	1
B	5	1	6
AB	17	8	10

Auktion 2	1	2	3
A	5	7	1
B	7	1	9
AB	15	8	10

Auktion 3	1	2	3
A	2	1	1
B	3	1	2
C	3	1	2
AB	6	5	2
AC	9	4	2
BC	9	4	2
ABC	8	5	2

In Auktion 1 kann Bieter 1 nur dann Gut A ersteigern, wenn er höher bietet als sein Wertempfinden bzgl. A zulässt: nur wenn er mindestens 7 bietet, kann er das Gut sicher ersteigern, denn Bieter 2 kann bis zu 7 bieten (selbst wenn Bieter 2 nicht überbietet). Das Problem ist, dass es durchaus Sinn machen kann, z. B. 8 für Gut A zu bieten. Allerdings nur dann, wenn er Gut B für höchstens 9 ersteigern kann. Das weiß Bieter 1 aber zu diesem Zeitpunkt noch nicht. Um Gut B zu ersteigern, muss er zwar auch höher als sein Wertempfinden bzgl. B bieten, aber nun weiß Bieter 1 ja, ob es ihm gelungen ist, Gut A zu ersteigern oder nicht. Wenn Bieter 1 Gut A ersteigert hat (sagen wir zu einem Preis von 8), weiß er in der zweiten Auktion allerdings, wie hoch er sinnvoll bieten kann, ohne sein Wertempfinden bzgl. Gut B und dem Bündel AB zu überbieten. Der entsprechende höchstmögliche Wert ist 9, denn er hat bzgl. AB ein Wertempfinden von 17 und für Gut A bereits 8 ausgegeben.

Während es sich für Bieter 1 bei Auktion 1 auszahlen würde, während des Bietens auf Gut A auf das Ersteigern von Gut B zu spekulieren, wäre dies in Auktion 2 nicht der Fall. Bieter 1 müsste mindestens 7 für A und mindestens 9 für B bieten, was jeweils über dem individuellen Wertempfinden liegt, aber vor allem auch in der Summe über dem Wert von AB.

An Auktion 3 sehen wir, dass sogar der Fall auftreten kann, dass ein Bieter schlussendlich mehr Güter erhält als er am liebsten hätte. Bieter 1 erhält nacheinander Güter A, B und C, da er mit Geboten in Höhe von 2, 3 und 3 die Konkurrenten überbieten kann. Auch macht es in jedem Schritt Sinn, das Ersteigern des jeweiligen Gutes anzustreben, denn sein Wertempfinden bzgl. des erstandenen Güterbündels erhöht sich jeweils. Dennoch hat er mit ABC abschließend ein Güterbündel erstanden, das er weniger schätzt, als die Güterbündel AC und BC. Hätte er vorher gewusst, dass es ihm gelingt, C zu ersteigern, hätte er auf B verzichtet.

Um diese Art von Problemen zu vermeiden, gibt es Auktionen, in denen die Bieter die Möglichkeit bekommen, ihr Wertempfinden explizit für Güterbündel auszudrücken. Im Folgenden unterscheiden wir danach, ob die simultan versteigerten Güter homogen oder heterogen sind. Dabei wird insbesondere darauf eingegangen, wie die Gewinner der Auktionen bestimmt werden und wie die zu zahlenden Preise festgelegt werden. Natürlich kann hier nur ein kleiner Auszug aus den in der Literatur diskutierten Ansätzen gegeben werden.

2.2.2.1 Homogene Güter

Offene Auktionen

Eine offene Auktion mit steigenden Preisen entspricht in mehrfacher Hinsicht einer Erweiterung einer Englischen Auktion für mehrere homogene Güter. Ein häufig verwendetes Auktionsformat lässt sich wie folgt beschreiben. Der Auktionator, der eine bestimmte Anzahl von Einheiten m eines Gutes versteigern möchte, nennt in bestimmten zeitlichen Abständen steigende Preise. Die Bieter reagieren darauf, indem sie die Anzahl der Güter nennen, die sie zu diesem Preis zu kaufen bereit sind. Sobald die von allen Bietern nachgefragte Menge nicht mehr größer als m ist, endet die Auktion. Der Preis, bei dem die Auktion endete, ist dann der Preis, den jeder Gewinner pro Einheit zahlt. Diese Vorgehen hat einen wesentlichen Nachteil (siehe z. B. Ausubel (2004)). Es bestehen für die Bieter Anreize, eine niedrigere Anzahl als die wahrheitsgemäße zu nennen. Bei diesem Vorgehen wird zwar in Kauf genommen, dass der Bieter weniger Einheiten erhält, allerdings wird die Auktion früher enden und damit der Preis pro Einheit niedriger liegen.

Eine Alternative schlägt Ausubel (2004) vor. Die Preise, die die gewinnenden Bieter bezahlen, bestimmen sich darüber, zu welchen Zeitpunkten (bzw. bei welchen Preisen) ein Bieter eine Einheit sicher bekam. Ein Beispiel verdeutlicht dies. Tab. 2.3 beschreibt eine Auktion bei der $m = 5$ Einheiten eines Gutes versteigert werden und der Preis schrittweise von null angehoben wird. Zu jedem Preis wird die Nachfrage der Bieter 1, 2, 3 und 4 angegeben.

Es ist zu erkennen, dass bei einem Preis von 9 die Nachfrage das Angebot nicht mehr überschreitet und die Auktion somit endet. Bieter 4 erhält kein Gut und zahlt somit nichts. Bieter 1 bekam ab einem Preis von 5 eine Einheit sicher, denn die gesamte Nachfrage aller anderen Bieter betrug $m - 1 = 4$. Eine zweite Einheit bekam Bieter 1 sicher ab einem Preis von 6, denn die gesamte Nachfrage aller anderen Bieter betrug $m - 2 = 3$. Die dritte Einheit bekam Bieter 1 erst bei einem Preis von neun sicher, so dass der insgesamt von

Tab. 2.3 Gebote in offener Auktion mit steigenden Preisen

Preise	1	2	3	4
0	5	4	2	1
1	5	4	2	1
2	5	3	2	1
3	5	3	1	1
4	5	3	1	1
5	5	3	1	0
6	5	2	1	0
7	4	2	1	0
8	3	2	1	0
9	3	1	1	0

ihm zu zahlende Preis $9+6+5=20$ beträgt. Analog zahlen Bieter 2 und 3 einen Betrag von 8 und 9.

Eine offene Auktion mit sinkenden Preisen ist analog konzipiert (siehe z. B. Martínez-Pardina und Romeu (2011)). Der Auktionator, der eine bestimmte Anzahl von Einheiten m eines Gutes versteigern möchte, nennt in bestimmten zeitlichen Abständen sinkende Preise. Die Bieter reagieren darauf, indem sie die Anzahl der Gütern nennen, die sie zu diesem Preis zu kaufen bereit sind. Sobald die von allen Bietern nachgefragte Menge nicht mehr kleiner als m ist, endet die Auktion. Jede Einheit wird zu dem Preis verkauft, zu dem der Bieter den jeweiligen Bedarf angemeldet hat.

Verdeckte Auktionen

Wenn mehrere Einheiten eines Gutes versteigert werden, geben die Bieter in der Regel an, für welche Menge sie welchen Preis zu zahlen bereit sind. Dies kann in verschiedenen Formen passieren, z. B. durch die Angabe eines Grenzwertes, den sie bzgl. jeder weiteren Einheit des Gutes empfinden. Jeder Bieter gibt dann einen Vektor $v = (v_1, \ldots, v_n)$ an, wobei n die Anzahl der versteigerten Einheiten und $b_j, j \in \{1, \ldots, n\}$, der Grenzwert der $j$ten Einheit des Gutes ist. Durch verschiedene Charakteristiken eines solchen Vektors lassen sich dann verschiedene Synergien (z. B. Mengenrabatte) ausdrücken.

Häufig wird davon ausgegangen, dass der Grenzwert mit der Anzahl der Güter abnimmt, d. h. $v_j \geq v_{j+1}$ für alle $j \in \{1, \ldots, n-1\}$. Dies muss allerdings keinesfalls so sein. Wenn ein Gut versteigert wird, bei dem der Bieter nur einen Nutzen durch Paare von ersteigerten Einheiten hat (als plastisches Beispiel mögen hier Socken dienen), dann könnte der Vektor eine nicht monotone Charakteristik haben und könnte zum Beispiel wie folgt aussehen: $v = (0, 10, 0, 8, 0, 6, 0, 4, 0, 2, 0, \ldots, 0)$. Diesen Vektor könnte man dann wie folgt lesen. Der Bieter empfindet keinen Wert für eine Socke, aber einen Wert von 10 für das erste Paar, keinen Wert für die dritte Socke, aber einen Wert von 8 für das zweite Paar usw. Insbesondere empfindet er auch keinen Wert mehr für Paare ab dem sechsten, d. h. er hat Verwendung für höchstens fünf Paare.

Ziel des Auktionators ist es in der Regel, die Güter den Bietern so zuzuordnen, dass der empfundene Wert der zugeordneten Güter maximal ist. Dies ist bei Mehrgutauktionen deutlich komplizierter als bei Eingutauktionen (bei denen ja lediglich das höchste Gebot zu identifizieren ist).

Sollte tatsächlich gelten, dass alle Bieter einen abnehmenden Grenzwert empfinden, kann die optimale Zuordnung einfach gefunden werden (siehe z. B. Markakis und Telelis (2012)): Wir identifizieren die n höchsten Grenznutzen und ordnen diesen (bzw. den Bietern, die diese haben) jeweils eine Einheit zu. Wir betrachten zur Verdeutlichung ein Beispiel mit drei Bietern und $n = 7$ Einheiten des Gutes. Wenn die Gebote

$$
\begin{aligned}
v_1 &= \quad (9, 8, 5, 5, 3, 2, 0) \\
v_2 &= \quad (6, 2, 1, 1, 0, 0, 0) \\
v_3 &= \quad (7, 6, 4, 2, 2, 1, 0)
\end{aligned}
$$

sind, dann bekommt Bieter 1 vier Einheiten, Bieter 2 eine Einheit und Bieter 3 zwei Einheiten. Sollte allerdings kein abnehmender Grenzwert gegeben sein, dann ist das Finden einer optimalen Zuordnung an sich schon ein kompliziertes Optimierungsproblem und nur für sehr spezielle Fälle effizient lösbar (siehe z. B. Dang und Jennings (2003) sowie Sandholm und Suri (2001)). An dieser Stelle wird darauf verzichtet, dieses weiter zu detaillieren und stattdessen auf den Fall heterogener Güter verwiesen. Die Ausführungen zu dem Allokationsproblem sind dort detaillierter und lassen sich auf den Fall homogener Güter übertragen.

Im Folgenden werden die drei gängigsten Preisschemata erläutert. Auch diese lassen sich unmittelbar für abnehmende Grenzwerte anwenden. Für nicht-abnehmende Grenzwerte wird wiederum auf den Fall heterogener Güter verwiesen.

- Gebotspreise (im englischen „Discriminatory Prices" oder „Pay Your Bid") werden gebildet, indem jeder Bieter die Grenzwerte seines Gebotes, denen Einheiten des Gutes zugeordnet wurden, zahlen muss (siehe z. B. Cramton und Ausubel (2002) sowie Engelbrecht-Wiggans und Kahn (1998)). In dem Beispiel würden Bieter 1, 2 und 3 also 27, 6 und 13 zahlen. Wie bei der Erstpreisauktion besteht hier aber natürlich die Möglichkeit für jeden Bieter, den von ihm zu zahlenden Preis zu beeinflussen.
- Einheitspreise (im englischen „Uniform Prices") bedeuten, dass jeder Bieter pro Einheit, die er bekommt, einen Preis in Höhe des höchsten Grenzwertes, dem kein Gut zugeordnet wurde, zahlt (siehe z. B. Cramton und Ausubel (2002) sowie Engelbrecht-Wiggans und Kahn (1998)). In dem Beispiel beträgt dieser Einheitspreis vier, denn der dritte Grenzwert von Bieter 3 ist der höchste, der kein Gut zugeordnet bekommt. Dieses Preisschema ist eine direkte Weiterentwicklung der Zweitpreisauktion für mehrere Güter. Es ist eine dominante Strategie für Bieter, den ersten Grenzwert wahrheitsgemäß anzubieten. Allerdings kann es von Vorteil sein, die übrigen Grenzwerte niedriger als wahrheitsgemäß anzugeben. Dabei nimmt man in Kauf, weniger Einheiten des Gutes zu erhalten, dies aber zu einem günstigeren Preis.
- Multi Unit Vickreypreise werden gebildet, indem ein Bieter mit k Grenzwerten, denen eine Einheit zugeordnet wurde, die Summe der k höchsten Grenzwerte der anderen Bieter, denen keine Einheit zugeordnet wurde, zahlt (siehe z. B. Ausubel und Milgrom (2006) sowie Cramton und Ausubel (2002)). In dem Beispiel würden Bieter 1, 2 und 3 also 10, 4 und 5 zahlen. Dieses Preisschema ist eine weitere Weiterentwicklung der Zweitpreisauktion, bei der ein Bieter den Betrag zahlt, um den seine Teilnahme den gesamten empfundenen Wert der zugeordneten Güter aller anderen Bieter reduziert. Im Beispiel bekämen Bieter 1 und 2 zwei weitere Güter zugeordnet, wenn Bieter 3 nicht teilnähme. Die zwei höchsten Grenzwerte von Bietern 1 und 2, denen keine Einheit zugeordnet wird, betragen drei und zwei. Bei Verwendung von Multi Unit Vickreypreise ist wahrheitsgemäßes Bieten eine dominante Strategie für Bieter. Analog zu der Zweitpreisauktion kann dies aber mit sehr geringen Einnahmen des Auktionators einhergehen.

2.2.2.2 Heterogene Güter

Die simultane Versteigerung einer heterogenen Menge von Gütern stellt die größte Herausforderung an das Design der Auktion und unterstützenden Algorithmen. Bei sogenannten kombinatorischen Auktionen kann jeder Bieter auf jede Teilmenge von Gütern bieten. Insofern stellen sie eine Verallgemeinerung der Eingutauktionen und der Auktionen zur Versteigerung einer homogenen Gütermenge dar. In der wissenschaftlichen Literatur gibt es zahllose Beiträge, von denen hier mit Cramton et al. (2006), de Vries und Vohra (2003), Milgrom (2003) sowie Pekeč und Rothkopf (2003) nur einige genannt sein sollen, die einen Überblick über das Themenfeld verschaffen. Häufig wird zwischen Auktionen, in denen mehrere Gebote eines Bieters gewinnen können (OR Gebote) und in denen höchstens ein Gebot eines Bieters gewinnen kann (XOR Gebote), unterschieden. Während Bieter mit XOR Geboten ein mächtigeres Instrument zur Formulierung ihres Wertempfindens haben, gibt es Situationen, in denen OR Gebote einen deutlich geringeren Kommunikationsaufwand bedeuten.

Im Folgenden werden Auktionsformate nach der Anzahl der Runden unterschieden. In einer Runde geben Bieter Gebote ab und der Auktionator bildet eine entsprechende Allokation. In einer Auktion mit nur einer Runde ist die Auktion mit der ersten gefundenen Allokation als Ergebnis beendet. In einer iterativen Auktion analysieren die Bieter die Informationen, die sie von dem Auktionator zum aktuellen Stand der Auktion übermittelt bekommen. Dann beginnt eine neue Runde, d. h. die Bieter geben erneut Gebote ab, verwenden hierbei aber ggf. die Erkenntnisse aus der vorherigen Runde, wodurch häufig andere Gebote abgegeben werden und sich somit eine neue Allokation ergibt bzw. ergeben kann.

Kombinatorische Auktionen sind ein sehr dynamisches Feld aktiver Forschung. Es gibt laufend Neu- und Weiterentwicklung von Auktionsformen, so dass im Folgenden natürlich nur auf einzelne Stellvertreter eingegangen werden kann. Wir gehen im Folgenden davon aus, dass von jedem Gut nur eine Einheit verkauft werden soll.

Einrundenauktionen

In einer Auktion, an der eine Menge $I = \{1, \ldots, m\}$ von Bietern teilnimmt, wird eine Menge $J = \{1, \ldots, n\}$ von Gütern versteigert. Jeder Bieter i gibt potenziell mehrere Gebote ab. Ein Gebot $(p_{I'}, I')$ drückt aus, dass er bezüglich dem Güterbündel I' ein Wertempfinden von $p_{I'}$ hat. Nach Abgabe aller Gebote löst der Auktionator das sogenannte Winner-Determination-Problem (WDP). Eine Lösung für das WDP ist eine Teilmenge B der abgegebenen Gebote, so dass kein Gut in Bündeln von mehr als einem Gebot in B enthalten ist. Falls in der Auktion das Format der XOR Gebote gewählt wurde, muss zusätzlich gelten, dass in B von jedem Bieter höchstens ein Gebot enthalten sein darf. Das WDP ist nun unter allen Lösungen eine Lösung B auszuwählen, die das gesamte Wertempfinden der Bieter gegenüber den Geboten in B maximiert.

In Tab. 2.4 ist eine kombinatorische Auktion dargestellt. Drei Bieter 1, 2 und 3 bieten auf Bündel aus drei Gütern A, B und C. Die optimale Lösung des WDP unter OR Geboten

Tab. 2.4 Kombinatorische Auktion

Auktion 4	1	2
A	7	1
B	5	4
C	4	3
AB	17	18
AC	19	16
BC	20	19
ABC	21	22

sieht vor, dass Bieter 1 zwei Bündel $\{A\}$ und $\{B, C\}$ mit einem gesamten Wertempfinden von 27 gewinnt. Die Gebote von Bieter 1 implizieren allerdings, dass er gar kein Wertempfinden von 27 gegenüber dem insgesamt gewonnenen Bündel $\{A, B, C\}$ hat, sondern nur ein Wertempfinden von 21. Dies veranschaulicht den Nachteil der OR Gebote: Bieter können keine Substituierbarkeit ausdrücken. Die optimale Lösung des WDP unter XOR Geboten sieht vor, dass Bieter 1 Bündel $\{A\}$ und Bieter 2 Bündel $\{B, C\}$ mit einem gesamten Wertempfinden von 26 gewinnen.

Wie bei den zuvor beschriebenen Auktionsformaten stellt sich die Frage, welcher Bieter welchen Preis für die gewonnenen Bündel zahlt. Dabei gibt es verschiedene Anforderungen, die das Preisschema idealerweise erfüllt.

Eine Forderung ist, dass die Preise für gewinnende Gebote nicht höher sein dürfen als die für sie übermittelten Wertempfindungen. Umgekehrt sollen Preise für verlierende Gebote, falls diese zur Orientierung der Bieter kommuniziert werden, das Wertempfinden gegenüber dem Bündel nicht unterschreiten. Im ersten Fall müssten Gewinner mehr zahlen als sie geboten haben und im zweiten Fall wären Verlierer unzufrieden, da sie mehr als den Preis des Bündels zu zahlen bereit gewesen wären. Preise, die die obigen Anforderungen erfüllen, nennen wir im Folgenden Markträumungspreise.

Eine striktere Forderung ist die nach einem Wettbewerbsgleichgewicht. Eine Menge von gewinnenden Geboten B und Preise für alle Bündel und Bieter sind im Wettbewerbsgleichgewicht, wenn (i) die Allokation unter den gegebenen Preisen die Einnahmen des Auktionators maximiert und (ii) jeder Bieter unter den gegebenen Preisen ein nutzenmaximierendes Bündel erhält. Der Nutzen ist hierbei die Differenz aus Wertempfinden und zu zahlendem Preis, aber mindestens 0. In gewisser Weise unterstützen die Preise dann die gewählte Allokation, da jeder Bieter und der Auktionator diese Allokation als das Optimum ansehen.

Im Folgenden werden die drei gängigsten Preisschemata erläutert. Auch diese lassen sich unmittelbar für abnehmende Grenzwerte anwenden. Für nicht-abnehmende Grenzwerte wird wiederum auf den Fall heterogener Güter verwiesen.

- Gebotspreise sind bei kombinatorischen Auktionen genauso denkbar wie bei Auktionen mit homogenen Gütern. Allerdings nimmt man dabei die bekannten Nachteile in Kauf.

- Bei linearen Preisen wird ein Preis für jedes Gut festgelegt und der Preis eines Bündels ergibt sich als die Summe der Preise der enthaltenen Güter. Der Vorteil an diesem Schema ist, dass es sich den Bietern leicht erschließt. Allerdings können lineare Preise nicht einmal Markträumungspreise garantieren, wie die Auktion in Tab. 2.4 unter OR Geboten zeigt: der Preis für Gut A dürfte höchstens 7 sein, da Bieter 1 Bündel $\{A\}$ gewinnt. Da kein Bieter Bündel $\{A, B\}$ oder $\{A, C\}$ gewinnt, müssen dann die Preise für B und C mindestens 10 und 11 betragen. Das widerspricht der Forderung, dass der Preis für Bündel $\{B, C\}$ höchstens 20 betragen soll. Unter bestimmten Einschränkungen kann allerdings auch mit linearen Preisen sogar ein Wettbewerbsgleichgewicht erreicht werden (siehe z. B. Bichler et. al. (2013) sowie Parkes (2006)). Es gibt zudem zahlreiche Erweiterungen des linearen Preisschemas, die die einfache Struktur nur geringfügig erweitern (und daher weiterhin einen intuitiven Umgang erlauben), aber die Wahrscheinlichkeit der Existenz von Markträumungspreisen deutlich erhöhen (siehe z. B. Briskorn et. al. (2016a, b)).
- Eine Verallgemeinerung der Zweitpreisauktion für kombinatorische Auktionen stellt der Vickrey-Clarke-Groves-Mechanismus dar. Auch hier zahlt ein Bieter den Betrag, um den sein Gebot den gesamten empfundenen Wert der zugeordneten Güter aller anderen Bieter reduziert. Bei der Auktion in Tab. 2.4 unter XOR Geboten gewinnen Bieter 1 und 2 die Bündel $\{A\}$ und $\{B, C\}$. Hätte Bieter 1 nicht an der Auktion teilgenommen, hätte Bieter 2 Bündel $\{A, B, C\}$ mit einem Wert von 22 gewonnen. Die Teilnahme von Bieter 1 reduziert also das Wertempfinden von Bieter 2 in der optimalen Allokation um 3. Dies ist dann der Preis, den Bieter 1 zahlen muss. Hätte Bieter 2 nicht an der Auktion teilgenommen, hätte Bieter 1 Bündel $\{A, B, C\}$ mit einem Wert von 21 gewonnen. Die Teilnahme von Bieter 2 reduziert also das Wertempfinden von Bieter 1 in der optimalen Allokation um 14. Dies ist dann der Preis, den Bieter 2 zahlen muss.

Man kann diese Preise auch als Nachlass auf die abgegebenen Gebote sehen. Bieter 1 bietet 7 auf $\{A\}$, steigert aber durch seine Teilnahme den gesamten empfundenen Wert in der optimalen Allokation von 22 auf 26, und er erhält daher einen Nachlass von 4. Bieter 2 bietet 19 auf $\{B, C\}$, steigert aber durch seine Teilnahme den gesamten empfundenen Wert in der optimalen Allokation von 21 auf 26, und er erhält daher einen Nachlass von 5.

Die Preise im Vickrey-Clarke-Groves-Mechanismus unterstützen wahrheitsgemäßes Bieten insofern, als dass kein Bieter von unwahrheitsgemäßem Bieten profitieren kann. Analog zu der Zweitpreisauktion kann er aber zu sehr geringen Einnahmen des Auktionators führen (siehe z. B. Ausubel und Milgrom (2006)). Außerdem bedeutet er einen hohen Aufwand, da für jeden Bieter ein separates WDP (in dem dieser Bieter ausgeschlossen ist) gelöst werden muss, um die Opportunitätskosten zu berechnen, und etliche weitere Nachteile (siehe z. B. Rothkopf (2007)).

Iterative Auktionen

In Simultaneous Ascending Auctions (SAA) werden zwar mehrere Güter parallel versteigert, die Bieter können jedoch nur Gebote auf die einzelnen Güter (statt auf Bündel) abgeben. Üblicherweise werden SAAs in Runden abgehalten, in denen jeweils das höchste Gebot auf jedes Gut ermittelt wird und den Bietern bekannt gegeben wird. Der provisorische Gewinner eines Gutes ist derjenige, der das bis dato höchste Gebot abgegeben hat. Der provisorische Preis ist der Wert des vom provisorischen Gewinner abgegebenen Gebotes. In der nächsten Runde können höhere Gebote abgegeben werden. Passiert dies, steigt der provisorische Preis und der provisorische Gewinner ändert sich ggf. Die Auktion endet, wenn für kein Gut mehr ein höheres Gebot abgegeben wird. Jeder provisorische Gewinner zu diesem Zeitpunkt erhält das entsprechende Gut zu dem provisorischen Preis. In etlichen Varianten der SAA gibt es Aktivitätsregeln. Diese Regeln besagen, dass ein Bieter umso weniger Freiheit beim Bieten in späteren Runden hat, je weniger aktiv er sich in früheren Runden zeigt. Um eins der wesentlichen Probleme, das Exposure Problem, zu verringern, ist es in einigen Varianten der SAA möglich, Gebote zurückziehen. Dies macht für die Bieter Sinn, wenn sie im Laufe der Auktion erkennen, dass sie eins von bspw. zwei komplementären Gütern nicht ersteigern können (siehe z. B. Porter (1999)). Um stark strategisches Zurückziehen von Geboten zu vermeiden, wird es in der Regel in irgendeiner Form bestraft. Z. B. muss der Bieter die Differenz zahlen, sollte letztlich ein Gebot das Gut gewinnen, das unter seinem ursprünglich abgegebenen höheren Gebot liegt. Weitere Details zu SAAs finden sich z. B. in Cramton (2006) und Milgrom (2000).

Combinatorial Clock Auctions (CCA) laufen in der Regel rundenbasiert ab. In jeder Runde werden lineare Preise für die Güter vorgegeben, und die Bieter geben bekannt, wie viele Einheiten dieses Gutes sie zu kaufen bereit sind. Der Auktionator kennt am Ende jeder Runde also die gesamte Nachfrage zu den aktuellen Preisen. Wenn diese Nachfrage die Anzahl verfügbarer Einheiten eines Gutes übersteigt, wird der Preis dieses Gutes erhöht. Wenn dies nicht der Fall ist, bleibt der Preis in der nächsten Runde unverändert. Dies führt dazu, dass die Nachfrage über mehrere Runden tendenziell sinkt. Wenn in einer Runde der Fall eintritt, dass die Nachfrage bei jedem Gut der Anzahl verfügbarer Einheiten entspricht, dann kann die Auktion beendet werden. Natürlich ist es möglich, dass in der Runde, in der zum ersten Mal die Nachfrage für alle Güter erfüllt werden kann, von einigen Gütern mehr Einheiten verfügbar sind als nachgefragt werden. Natürlich kann man diesen Umstand einfach akzeptieren, allerdings gibt es auch relativ einfache Möglichkeiten, dies zu beheben bzw. den Effekt zu reduzieren. Porter et. al. (2003) schlagen vor, abschließend eine Einrundenauktion durchzuführen, bei der die über alle Runden abgegebenen Gebote berücksichtigt werden. Vorab hat jeder Bieter noch einmal die Möglichkeit, abgegebene Gebote zurückzuziehen. Ausubel und Cramton (2004) schlagen vor, den Bietern zu erlauben, Gebote in Form von Funktionen zu erlauben. Wenn der Preis eines Gutes von 10 auf 20 steigt, können die Bieter dann nicht nur ihre Nachfragen bei Preisen 10 und 20 ausdrücken, sondern für jeden Preis im Intervall [10, 20].

Parkes (1999) schlägt eine Auktion namens iBundle vor, bei der in jeder Runde für jedes Bündel ein Mindestpreis gefordert wird. Bieter geben Gebote auf Bündel ab und können dabei in jeder Runde entweder OR Gebote oder XOR Gebote verwenden. Am

Ende jeder Runde löst der Auktionator das aktuelle WDP, ermittelt so eine provisorische Allokation und gibt neue Mindestpreise bekannt. Jeder Bieter muss bei seinen Geboten mindestens einen Wert in Höhe der Mindestpreise angeben, es sei denn, eine der folgenden Ausnahmen trifft auf ihn zu. Wenn er in der letzten Allokation mit einem Gebot gewonnen hat, dann kann er für das entsprechende Bündel dasselbe Gebot wieder abgeben und damit ggf. unter dem Mindestpreis liegen. Wenn er sich dazu entschließt, ein letztes Mal auf ein Bündel zu bieten, kann er den Mindestpreis verletzen. Dies bedeutet aber, dass er im weiteren Verlauf der Auktion kein Gebot mehr abgeben darf. Die Auktion endet, wenn in der nächsten Runde keine Veränderung in den Geboten vorliegt oder alle Bieter, die ein XOR Gebot abgegeben haben, ein Bündel gewonnen haben und alle Bieter, die ein OR Gebot abgegeben haben, alle entsprechenden Bündel gewonnen haben. Für die Veränderung der Mindestpreise gibt es zwei gängige Schemata, die zu zwei Varianten der Auktion führen (siehe z. B. (Parkes und Ungar 2000)).

- In der ersten Variante (iBundle(2)) sind die Mindestpreise für alle Bieter identisch. Ein Mindestpreis für ein Bündel wird erhöht, wenn ein Bieter, der ein OR Gebot auf das Bündel abgegeben, aber dieses Bündel nicht gewonnen hat, oder ein Bieter, der ein XOR Gebot auf das Bündel abgegeben, aber kein Bündel gewonnen hat, den Mindestpreis geboten hat (oder den Mindestpreis für ein letztes Gebot verletzt hat). Der Mindestpreis wird dann auf einen leicht höheren Wert als den des höchsten Verlierergebots auf dieses Bündel gesetzt, falls dies eine Erhöhung des Mindestpreises bedeutet. Ansonsten bleibt er unverändert.
- In der zweiten Variante (iBundle(3)) gibt es für Bieter unterschiedliche Mindestpreise. Hier wird der Mindestpreis für ein Bündel und einen Bieter analog zur ersten Variante angehoben, allerdings nur dann, wenn der Bieter selber ein OR Gebot in Höhe des Mindestpreises auf das Bündel abgegeben, aber dieses Bündel nicht gewonnen hat, oder ein XOR Gebot in Höhe des Mindestpreises auf das Bündel abgegeben, aber kein Bündel gewonnen hat.

In beiden Fällen wird sichergestellt, dass ein Mindestpreis für ein Bündel, das ein anderes Bündel vollständig enthält, nicht unter dem Mindestpreis für das enthaltene Bündel liegt. Es wurden zahlreiche Verallgemeinerungen und Weiterentwicklungen dieser Auktion vorgestellt. Eine davon ist die Ascending Proxy Auction. Diese Auktion kann als iBundle(3) beschrieben werden, in dem die Bieter einer sehr speziellen Bietstrategie folgen (müssen). Jeder Bieter bestimmt den Wert eines Bündels vorab und bietet dann in jeder Runde auf das Bündel den Mindestpreis, bei dem die Differenz zwischen Wert und Mindestpreis maximal ist (sofern dieses Maximum positiv ist). Hier kann der Bieter während der als iBundle(3) beschriebenen Auktion nicht mehr entscheidend eingreifen, der Ablauf ist vollständig durch die am Anfang kommunizierten Werte determiniert. Diese Auktion bringt etliche Vorteile des Vickrey-Clarke-Groves-Mechanismus und vermeidet oder reduziert dabei einige der mit ihm verbundenen Nachteile (siehe z. B. Ausubel und Milgrom (2006)).

2.3   Anwendungen

Anwendungen für Auktionsmechnismen lassen sich überall dort finden, wo potenziell knappe Ressourcen Nachfragern zugeordnet werden sollen und die Preise für diese Ressourcen nicht vorgegeben, sondern vom Markt ermittelt werden. In diesem Abschnitt werden etliche Beispiel aus der Logistik vorgestellt und erläutert. Diese sind gruppiert nach Vergabe von Nutzungsrechten einer Infrastruktur in Abschn. 2.3.1, Beschaffung von Dienstleistungen in Abschn. 2.3.2 und Reihenfolgeplanung in Abschn. 2.3.3. Bei jeder Anwendung stellt sich die Frage nach dem geeigneten Auktionsformat und der individuellen Ausgestaltung der abstrakten Komponenten einer Auktion, die in Abschn. 2.2 vorgestellt wurden. Diese werden im Folgenden exemplarisch erläutert.

2.3.1   Zuordnung von Rechten zur Nutzung von Verkehrsnetzen und Knotenpunkten

In Verkehrsnetzen, wie z. B. Schienennetzen und Lufträumen, gibt es verschiedene Trassen und Knotenpunkte. Diese können i. d. R. nicht von beliebig vielen Fahrzeugen zur gleichen Zeit genutzt werden. Die Nutzungsrechte werden zumeist zeitlich beschränkt vergeben, so dass einzelne Nutzungsrechte für verschiedene Trassen oder Knotenpunkte koordiniert vergeben werden müssen, um eine sinnvolle Nutzung zu ermöglich. Wenn z. B. ein Zug über mehrere Trassen von A nach B fahren bzw. ein Flugzeug an einem Flughafen landen soll, dann müssen die entsprechenden Trassen bzw. Lande- und Startrechte in bestimmten zeitlichen Abständen zueinander reserviert werden. Im Folgenden werden diese beiden Anwendungsbeispiele und spezifische Auktionsmechanismen erläutert.

Lande- und Startrechte an Flughäfen

Insbesondere an stark frequentierten Flughäfen stellt sich die Frage, welcher Fluglinie man zu welchem Zeitpunkt Lande- bzw. Startrechte einräumt. Häufig ist der Planungshorizont so in Zeitslots eingeteilt, dass auf jeder Lande- bzw. Startbahn in jedem Slot eine Landung bzw. ein Start erfolgen kann. Das Problem stellt sich also so dar, dass jedem Flug (eine Flugverbindung von einem Startflughafen zu einem Zielflughafen mit einem bestimmten Flugzeugtyp) genau eine Lande- und genau ein Startslot zugeordnet werden sollte. Fluglinien konkurrieren um diese Slots, insbesondere um solche, die zu für bestimmte Verbindungen günstigen Abflugs- oder Ankunftszeiten liegen.

Das Wertempfinden gegenüber einem Slot ist private Information der Fluglinien und dem Flughafenkoordinator in der Regel nicht verlässlich bekannt. Weiterhin ist es so, dass der Wert eines Slots davon abhängt, welche weiteren Slots die Fluglinie erhält. Die Zeit zwischen einem Landeslot und einem Startslot entspricht der geplanten Aufenthaltsdauer eines Flugzeugs an dem jeweiligen Flughafen. Für diesen Aufenthalt gibt es eine kostenoptimale Dauer. Sollte die tatsächliche Dauer kürzer ausfallen, resultiert daraus ein höherer Zeitdruck für den Turnaround (Reinigungsarbeiten, Betankung, Be- und

Entladung, Boarding). Der Flugplan wird anfälliger für Verzögerungen, da eine verspätete Ankunft schwerer aufgefangen werden kann. Sollte die tatsächliche Dauer länger ausfallen, resultieren daraus womöglich direkte höhere Kosten für einen längeren Aufenthalt am Flughafen und indirekt höhere Kosten für die Zeit, in der das Flugzeug nicht eingesetzt werden kann. Dementsprechend sind kombinatorische Auktionen nötig, damit die Fluggesellschaften diese komplexen Wertempfindungen ausdrücken können.

Darüber hinaus mag ein und derselbe Slot für verschiedene Fluglinien unterschiedlichen Wert haben, wie sich leicht am folgenden Beispiel erkennen lässt. Fluglinie 1 bietet einen Flug von A nach B an. Das Flugzeug, mit dem dieser Flug bedient wird, pendelt lediglich zwischen A und B, wobei B ein wenig frequentierter Flughafen ist. Fluglinie 2 bietet Flüge von A nach C, von C nach D und von D nach A an. Ein Flugzeug bedient diese drei Flüge. C und D sind stark frequentierte Flughäfen. Während es für Fluglinie 1 relativ leicht sein mag, den Start und die Landung in A zu verschieben (und damit auch Start und Landung in B), bedeutet es für Fluglinie 2 bedeutend mehr Aufwand. Es mag auch sein, dass ein Verschieben für Fluglinie 2 gar nicht möglich ist, ohne in C oder D Slots von anderen Fluglinien zu übernehmen, was aufwendig oder sogar unmöglich sein kann.

Den erste Ansatz zum Lösen dieses Zuordnungsproblems mittels eines Auktionsmechanismus lieferten Rassenti et al. (1982). Das vorgeschlagene Format entspricht einer Einrundenauktion. Die Gebotssprache kann zwei logische Verknüpfungen zwischen verschiedenen Geboten abbilden. Zum einen lassen sich XOR Gebote darstellen. Zum anderen lässt sich fordern, dass ein bestimmtes Bündel nur gewonnen werden kann, wenn ein anderes ergänzendes auch gewonnen wird. Die Autoren schlagen vor, das WDP optimal zu lösen und anschließend lineare Preise zu bestimmen. Da lineare Markträumungspreise nicht immer existieren (siehe auch Abschn. 2.2.2.2), ermitteln die Autoren lineare Preise, die Markträumungspreise so gut wie möglich approximieren.

Einen guten Einblick in die Thematik und einen Überblick über die Vielzahl von Details, die es bei der Wahl eines Auktionsformats zu beachten gilt, geben Ball et al. (2006).

- Natürlich sind nicht nur die Start- und Landebahnen als Ressourcen zu betrachten, sondern auch Versorgungsfahrzeuge, Standplätze, Personal und vieles mehr. Diese Ressourcen werden von Flugzeugen unterschiedlichen Typs unterschiedlich genutzt. Dies macht eine weitere Dimension in den Geboten nötig. Es ist nicht nur relevant, welchen Preis ein Bieter für welchen Slot (oder ein Bündel von Slots) zu zahlen bereit ist, sondern auch, mit welchem Flugzeugtyp dieser Slot genutzt werden soll.
- Den Fluglinien muss ein bestimmtes Maß an Planungssicherheit zugestanden werden. D. h., wenn sie einen Slot ersteigern, müssen die Nutzungsrechte für einen planungstechnisch relevanten Zeitraum gelten. Die Frage ist, wie lang dieser Zeitraum gewählt sein sollte.
- Für Fluglinien kann es Sinn ergeben, sich für einen gewissen Zeitraum das Recht an allen Slots eines Flughafens zu sichern. Wettbewerber ziehen ihre Ressourcen von diesem Flughafen ab und werden in Zukunft an diesem Flughafen relativ geringes Interesse haben, da es für sie eine hohe Eintrittsbarriere gäbe. Langfristig könnte die erste

Fluglinie somit ein Monopol erreichen, das zudem noch günstig zu verteidigen ist. Dies gilt es zu verhindern (solange man Wettbewerb fördern möchte), und daher muss reglementiert werden, dass keine Fluglinie einen zu großen Anteil aller Slots zugestanden bekommt.

Ball et al. (2006) schlagen eine Mehrrundenauktion mit XOR Geboten vor, in der ähnlich wie in iBundle in jeder Runde für jedes Bündel nur Gebote ab einer bestimmten Höhe akzeptiert werden. Diese Preisgrenze nimmt im Verlauf der Auktion zu. Den Bietern werden die provisorische Allokation und provisorische Preise mitgeteilt. Gebote können nicht zurückgezogen werden. Die Auktion endet, wenn es wenige oder keine neuen Gebote mehr gibt oder sich die Allokation wenig oder nicht mehr ändert. Die Autoren betonen, dass wenig Erfahrung mit der Wirkungsweise der vorgeschlagenen Komponenten besteht und es wahrscheinlich ist, dass das Auktionsformat im Laufe der Zeit angepasst wird, um neu gewonnenen Erkenntnissen Rechnung zu tragen.

Generell muss man bei der Entscheidung, ob man an einem oder mehreren Flughäfen eine solche Auktion einführen möchte, bedenken, dass eine regelmäßige Auktion für Nutzungsrechte von Slots eine wesentliche Änderung im Flughafenmanagement vieler Flughäfen bedeuten würde. An vielen Flughäfen, insbesondere in Europa, behalten Fluglinien heute das Nutzungsrecht für einen Slot solange sie ihn nutzen. Dies hat zur Folge, dass eine Fluglinie einen Slot ggf. mit einem für sie unattraktiven Flug benutzt, nur um das Recht an dem Slot nicht zu verlieren. Dies zeigt deutlich, dass die vorliegende Auktion ineffizient sein kann, d. h. die Slots sind nicht unbedingt den Fluggesellschaften mit dem höchsten Wertempfinden zugeordnet. Wenn die Allokation durch eine Auktion bestimmt würde, wäre die Effizienz höchstwahrscheinlich größer. Umgekehrt bedeutet eine Auktion einen regelmäßigen hohen Aufwand, denn jede Fluglinie muss sich dann regelmäßig ihr Wertempfinden gegenüber allen Slots vergegenwärtigen.

Nutzungsrechte für Schienen

Bei der Vergabe von Durchfahrtsrechten in einem Schienennetz ist zu beachten, dass - ähnlich wie bei Lande- und Startrechten - die Ressourcen, nämlich das Nutzungsrecht, eine bestimmte Trasse zu einer bestimmten Zeit zu nutzen, nur koordiniert sinnvoll zugeordnet werden können. Deshalb bieten sich auch hier kombinatorische Auktionen an, damit die Bieter, z. B. Bahnbetreiber, ausdrücken können, dass sie gegenüber bestimmten Bündeln von Ressourcen einen Nutzen empfinden, während sie den separaten enthaltenen Ressourcen gegenüber keinen oder einen geringeren Wert empfinden. Ein Zug, der zwei Trassen auf seinem Weg von A nach B passieren soll, muss das Durchfahrtsrecht auf beiden Trassen in Zeitfenstern haben, die ein sequentielles Durchfahren ermöglichen. Es wäre natürlich möglich, dass Durchfahrtsrecht für beide Trassen für die gesamte Dauer der Fahrt zu reservieren. Dies wäre aber insofern ineffizient, als dass ein anderer Zug die erste Trasse durchfahren kann, nachdem der erstgenannte Zug diese verlassen hat.

Borndörfer et al. (2006, 2009) stellen jeweils einen Auktionsmechanismus für die Vergabe von Durchfahrtsrechten vor.

Borndörfer et al. (2009) schlagen eine Einrundenauktion vor, bei der zunächst Preise gemäß des Vickrey-Clarke-Groves-Mechanismus ermittelt werden. Um bestimmte Einnahmen zu garantieren, werden diese Preise jedoch auf vorgegebene Mindestpreise erhöht, falls die Vickrey-Clarke-Groves-Preise unter den Mindestpreisen liegen. Durch diese Modifikation ist wahrheitsgemäßes Bieten keine dominante Strategie mehr. Um die Komplexität der Auktion zu limitieren, wird zudem die Anzahl möglicher Gebote auf Bündel, die eine bestimmte Ressource enthalten, pro Bieter beschränkt.

Borndörfer et al. (2006) entwickeln einen Auktionsmechanismus mit einer sehr ausdrucksstarken Gebotssprache. Im Kern gibt es für die Bieter die Möglichkeit, auf bestimmte Verbindungen zu bieten. Eine Verbindung wird spezifiziert durch Start und Ziel und durch eine Menge von Stationen, für die jeweils vorgegeben werden kann, ob sie zwingend erreicht werden müssen oder nur optional sind. Zudem können Zeitfenster für Ankunft oder Abfahrt an Start, Stationen oder Ziel festgelegt werden. Solche Verbindungen können als die Güter in dieser Auktion angesehen werden.

Diese Güter können zu Bündeln, sogenannten Touren, kombiniert werden. So kann ein Bahnbetreiber ausdrücken, dass er nicht nur eine Verbindung von A nach B haben möchte, sondern auch eine Verbindung von B nach C und von B nach D. Dies würde es ihm z. B. erlauben, einen Zug von A nach B fahren zu lassen, ihn dort zu splitten und jeweils einen Teilzug nach C und D fahren zu lassen. Weiterhin gibt es die Möglichkeit auszudrücken, dass es zu der Verbindung von A nach B einen Anschluss nach E geben sollte.

Ein Gebot auf ein Bündel hat einen Basiswert. Neben dem Basiswert kann der Bieter Erhöhungen oder Reduktionen vorgeben, die unter bestimmten Bedingungen veranschlagt werden.

- Für jede optionale Station kann der Bieter einen Bonus festlegen, der fällig wird, wenn die ihm zugewiesene Verbindung die Station erreicht.
- Wenn Zeitfenster für das Erreichen bestimmter Station verfehlt werden, dann wird ein vom Bieter festgelegter Betrag abgezogen.
- Wenn ein Anschlusszug zu einem Ziel, das nicht direkt durch den Zug angefahren wird, arrangiert wird, wird ein vom Bieter festgelegter Bonus fällig.

Ein Bieter kann also beispielsweise ausdrücken, dass das oben beschriebene Bündel (A nach B, B nach C und B nach D) für ihn einen Wert von 10 hat. Dieser Wert sinkt allerdings um einen bestimmten Betrag, wenn Zeitfenster verpasst werden. Er steigt hingegen, wenn die optionale Station F (zwischen A und B) auch angefahren wird oder ein Anschlusszug nach E erreicht werden kann. Das heißt, dass der tatsächliche Wert eines Gebotes abhängig von dem vollständigen Fahrplan ist. Der Unterschied zu den meisten anderen Auktionen ist also, dass ein Bündel nicht nur einen bestimmten individuellen Wert hat, sondern dieser Wert auch abhängig von den gewinnenden Geboten anderer Bieter sein kann. An dieser

Stelle sei betont, dass hier nur von dem Fahrplan die Rede sein kann und nicht von den im Betrieb tatsächlich erreichten Zeitfenstern oder Anschlusszügen.

Borndörfer et al. (2006) verwenden einen Auktionsmechanismus, der an iBundle angelehnt ist. In jeder Runde geben Bieter Gebote ab, und der Auktionator ermittelt die Gewinner, veröffentlicht zum Ende der Runde alle abgegeben Gebote und erklärt, ob sie gewonnen oder verloren haben. Gewinnende Gebote bleiben erhalten, was heißt, dass Bieter ihre Gebote nicht zurückziehen können. Die Auktion endet, wenn sich der gesamte Wert der Gewinnergebote für eine bestimmte Anzahl von Runden nicht ändert.

Die Autoren testen ihren Mechanismus für einen Teil des deutschen Langstreckennetzwerkes und erhalten grundsätzlich vielversprechende Ergebnisse. Allerdings stellen sie auch heraus, dass die Auktion vermutlich für größere Netzwerke nicht mehr handhabbar ist, da alleine das entsprechende WDP sehr schwer zu lösen ist.

Generell zeigt sich, dass es schwer ist, das zu versteigernde Gut für eine Auktion so zu spezifizieren, dass es akkurat genug adressiert werden kann und die Auktion handhabbar bleibt. Perennes (2012) diskutiert die Eignung von kombinatorischen Auktionen in diesem Zusammenhang und kommt zu dem Schluss, dass eine Auktion, die sowohl den Fahrplan bestimmt, als auch die Verteilung der Ressourcen vornimmt, eine enorme Komplexität hat. Dementsprechend wird als ein gangbarer Weg vorgeschlagen, den Fahrplan zentral zu bestimmen und festzulegen und eine Auktion „nur noch" zu verwenden, um die entsprechenden Verbindungen an Bahnbetreiber zu vergeben.

2.3.2 Beschaffung von Transportdienstleistungen

Bei einer Beschaffungsauktion nimmt der Nachfrager die Position des Auktionators ein. Er formuliert den Bedarf, d. h. welche Menge von welchen Gut er einkaufen möchte. Die Anbieter bieten dann auf einzelne Güter oder Bündel von Gütern, die sie zu einem bestimmten Preis, dem Gebotswert, zu verkaufen bereit sind (siehe auch Bichler et. al. (2005, 2006) für einen Überblick zu diesem Thema).

Ein prominentes Beispiel für Beschaffungsauktionen sind Auktionen, in denen Transportdienstleistungen nachgefragt werden. Solche gibt es im privaten genauso wie im öffentlichen Sektor. Im Folgenden werden zunächst zwei Anwendungsbeispiele im privaten Sektor eingegangen, nämlich der Beschaffung von Gütertransportdienstleistungen bzw. der Umverteilung von bereits vergebenen Transportaufträgen. Anschließend wird mit der Versteigerung von Servicekontrakten für Buslinien ein Beispiel aus dem öffentlichen Sektor erläutert. In allen Fällen sind die Güter in derartigen Beschaffungsauktionen bestimmte Transportverbindungen bzw. Transportaufträge, i. d. R. definiert durch einen Startpunkt, einen Zielpunkt und ggf. eine zu transportierende Menge. Diese Güter fragt der Auktionator nach.

Privater Sektor

Wenn mehrere Spediteure auf dem jeweiligen Markt Gütertransporte anbieten, dann stellt sich für den Auktionator die Frage, ob man die Transportleistungen von einem einzelnen Spediteur beziehen sollte oder von mehreren. Wenn mehrere Spediteure in Frage kommen, dann ist zu entscheiden, welcher Spediteur welche Transportdienstleistung übernehmen sollte. Wahrscheinlich können verschiedene Spediteure dieselbe Leistung zu unterschiedlichen Konditionen anbieten. Das mag an der technischen Ausstattung der Spediteure liegen, aber womöglich auch an der gegenwärtigen Position der Fahrzeuge. Weiterhin kann ein Spediteur einen bestimmten Transport wesentlich günstiger anbieten, wenn er weiß, dass er auf der Rückfahrt wieder eine Ladung hat. Diese Rückfahrt kann natürlich unabhängig von dem hier betrachteten Auktionator sein. Generell besteht zudem die Möglichkeit, Transportleistungen in Bündeln günstiger anzubieten als die Summe der Preise für die separaten Leistungen, da sich Synergieeffekte ergeben können.

In einem einfachen Beispiel hat der Auktionator Bedarf an einem Transport von Ort A nach Ort B und einem Transport von B nach A. Beide separaten Transporte können von einem Spediteur, dessen Depot bei A liegt, zu einem Preis von 5 angeboten werden. In beiden Fällen legt der LKW eine der beiden Strecken als Leerfahrt zurück. Da keine Leerfahrt nötig ist, wenn der Spediteur beide Transporte übernimmt, kann er beide Transporte zusammen zu einem Preis von 8 anbieten. Dieses Beispiel kann leicht auf größere Touren übertragen werden.

In einer solchen Auktion bieten also Spediteure Kombinationen von Transportleistungen zu bestimmten Preisen an. Der Auktionator wählt die Angebote so aus, dass sie seinen Bedarf abdecken und unter dieser Einschränkung kostenminimal sind. Diese Auswahl entspricht dem Lösen des WDP.

Ledyard et al. (2002) stellen ein konkretes Auktionsformat für die Beschaffung von Transportdienstleistungen vor. Sie schlagen eine iterative Auktion vor, in der rundenbasiert OR Gebote entgegen genommen werden, eine provisorische Allokation vorgenommen wird und diese den Spediteuren mitgeteilt wird. Auf Basis dieser Informationen geben die Spediteure neue Gebote ab. Die Gewinnergebote der letzten Runde bleiben so lange gültig, bis sie nicht mehr gewinnen. Das heißt, es ist nicht erlaubt, Gebote zurückzuziehen. Die Auktion endet, wenn die Kosten der provisorischen Allokation sich nicht mehr oder nur noch geringfügig ändern.

Die Auktion wurde für Sears Logistics Services entwickelt und dort auch eingesetzt. Ledyard et al. (2002) berichten von den Erfahrungen beim Einsatz. Als ein für Spediteure wichtiges Element hat sich die XOR Gebotssprache herausgestellt (die in der oben beschriebenen Variante nicht implementiert ist). Unter OR Geboten war es den Spediteuren nicht möglich, ihren Kapazitäten Ausdruck zu verleihen. Das bedeutet, dass sie womöglich viele jeweils lukrative Bündel von Transportdienstleistungen gewannen, aber gar nicht alle bedienen konnten.

Auktionen für Gütertransportdienstleistungen sind so populär (insbesondere in den USA, siehe z. B. auch Elmaghraby und Keskinocak (2005)), dass zahlreiche kommerzielle Plattformen entwickelt wurden, die das Abhalten solcher Auktionen unterstützen. Durch die kommerzielle Nutzung getrieben, wurden für Beschaffungsauktionen für Gütertransportdienstleistungen etliche Gebotssprachen, die über OR Gebote und XOR Gebote hinausgehen, entwickelt (siehe auch Caplice und Sheffi (2006)). Durch diesen hohen Grad an Spezialisierung sind diese aber nur für wenige andere Anwendungsfelder geeignet.

Caplice und Sheffi (2006) geben einen Überblick über die Auktionsformate, die zur Beschaffung von Gütertransportdienstleistungen entwickelt wurden und analysieren die Verhandlungssituation.

Schwind et al. (2009) betrachten eine andere Perspektive, die sich aus einer der oben beschriebenen Planung nachgelagerten Phase ergibt. Wenn den Spediteuren bereits Transportaufträge zugeordnet sind (bspw. durch eine Auktion oder durch eine zentrale Instanz), dann stellt sich für diese die Frage, ob ein Tausch oder eine Weitergabe von Aufträgen zu einer effizienteren Auftragszuordnung führt. In dem von Schwind et al. (2009) vorgeschlagenen Mechanismus, identifiziert zunächst jeder Spediteur die unattraktivsten Aufträge (gemessen an Transportkosten) und stellt diese als Güter im Markt zur Verfügung. Anschließend evaluieren die Spediteure (jetzt in der Rolle von Bietern) diese Aufträge, d. h., sie bestimmen die zusätzlichen Transportkosten für den Fall, dass sie einen Auftrag oder ein Bündel von Aufträgen zusätzlich übernehmen würden. Gemäß diesen Evaluationen geben die Spediteure Gebote für die Übernahme jedes Auftragsbündels ab. Eine zentrale Instanz bestimmt dann die kostenminimale Allokation, in der jeder Auftrag übernommen wird. Entsprechend dieser Allokation wird der Tausch implementiert. Dieser Prozess wird solange wiederholt, bis keine kostengünstigere Zuordnung mehr gefunden wird. Schwind et al. (2009) berichten von signifikanten Kostenreduktionen durch Einsatz des von ihnen vorgeschlagenen Auktionsmechanismus in einer Simulationsstudie. Offen bleibt hier jedoch noch die Frage, wie die im gesamten System eingesparten Kosten auf die beteiligten Spediteure verteilt werden können.

Öffentlicher Sektor

Ein prominentes Beispiel für eine Beschaffungsauktion für Transportdienstleistungen im öffentlichen Sektor ist die Versteigerung von Servicekontrakten für Buslinien in London (siehe auch Cantillon und Pesendorfer (2006)). Grundlage für diese Auktion waren der vollständige Liniennetzplan und der Fahrplan, die jeweils vorgegeben wurden. Ziel der Auktion ist es also „nur noch" zu entscheiden, welches Busunternehmen welche Linie bedient. Es wurde entschieden, eine Serie von Auktionen abzuhalten und in jeder Auktion nur eine jeweils relativ kleine Anzahl an Linien zu versteigern, um die Auktion für die Bieter (die Busunternehmen) überschaubar und für den Auktionator (die Stadt) handhabbar zu halten. In jeder einzelnen Auktion wurden nicht mehr als 21 Linien versteigert. Dabei wurden jeweils Gruppen von Linien zusammen versteigert, die nah beieinander liegen. Seit 1985 finden diese Auktionen regelmäßig statt, und so werden in jedem Jahr

15 % bis 20 % der Linien neu vergeben. Die Verträge haben üblicherweise eine Laufzeit von fünf Jahren.

Ähnlich wie bei der Beschaffung von Gütertransportdienstleistungen ergeben sich potenziell Synergieeffekte durch die Kombination von Linien. Als Beispiel betrachten wir drei Orte A, B und C und zu bedienende Linien zwischen A und B, B und C und A und C. Alle Linien müssen in beiden Richtungen bedient werden. Abhängig von dem vorgesehenen Fahrplan ist es evtl. möglich, alle drei Linien mit zwei Bussen zu bedienen, die in entgegengesetzten Richtungen im Kreis fahren. Für die Bedienung der separaten Linien würden mindestens drei Busse benötigt. Dementsprechend wurde entschieden, kombinatorische Auktionen abzuhalten.

Das verwendete Auktionsformat ist eine Einrundenauktion mit Gebotspreisen. Es werden OR Gebote verwendet, d. h. mehrere Gebote auf einzelne Linien ergeben automatisch ein Gebot auf das entsprechende Bündel. Nach einem langjährigen Einsatz seit Mitte der 1980er Jahre werden die Auktionen heute als Erfolg betrachtet. Auf sie wird ein Anstieg der Servicequalität und eine Reduktion der Kosten zurückgeführt (siehe auch Caplice und Sheffi (2006)).

2.3.3 Reihenfolgeplanung von Fahrzeugen an Umschlagsknoten

In vielen Transportnetzwerken sind Umschlagsknoten häufig ein Engpass. Eine Strategie, um die Kapazität solcher Umschlagsknoten optimal auszunutzen, ist es, Fahrzeugen, die ent- oder beladen werden sollen, vorab ein Zeitfenster für die Abfertigung zuzuweisen. Die in diesem Zusammenhang gehandelten Güter sind Zeitfenster, in denen dem jeweiligen Fahrzeug eine Be- oder Entladung zugesagt wird. Da - ähnlich wie bei schon oben behandelten Anwendungen - das Wertempfinden gegenüber einem Zeitfenster abhängig von dem Fahrzeug bzw. dem Spediteur ist, bieten sich Auktionen zur Koordination an. Im Folgenden werden zwei Anwendungsbeispiele, nämlich die Abfertigung von LKW an einem Umschlagsterminal und von Schiffen in einem Hafen, erläutert.

LKW an einem Umschlagterminal
Die Belegung von Toren oder Rampen eines Umschlagterminals durch LKWs oder andere anliefernde oder abholende Fahrzeuge ist ein kompliziertes Koordinationsproblem. Aus der Sicht des Terminalbetreibers lässt sich das Problem wie folgt charakterisieren. In einem bestimmten Planungshorizont, z. B. im Laufe eines Tages, werden verschiedene LKWs das Terminal anfahren, um entladen zu werden oder Ladung abzuholen. Es ist zu entscheiden, welcher LKW zu welchem Zeitpunkt an welchem Tor bedient wird.

Wenn jeder LKW eine vorab festgelegte Route fährt, dann kann abgeschätzt werden, wann der jeweilige LKW am Terminal eintreffen wird. Es kommt dann zu Konkurrenzsituationen, wenn zu einem Zeitpunkt mehr LKWs eintreffen als Laderampen vorhanden sind. Einige LKWs müssen dann warten, wobei dieselbe Verzögerung für verschiedene

LKWs unterschiedliche Auswirkungen haben kann. Für einen LKW, der auf seiner Route keinerlei Pufferzeiten hat, hat eine Verzögerung unmittelbar Verspätungen an späteren Stationen zur Folge. Hat ein LKW jedoch eine Pufferzeit vor seiner nächsten Station, dann stört eine Verzögerung am hier betrachteten Terminal nicht, solange sie die Pufferzeit nicht überschreitet.

Die Situation wird noch einmal komplizierter, wenn die Routen der LKWs eine gewisse Flexibilität haben, d. h. die Spediteure können zwischen mehreren Routen wählen. Abhängig von der tatsächlich gewählten Route verändert sich die erwartete Ankunftszeit am Terminal. D. h. dass die Spediteure durch die gewählten Routen beeinflussen können, wie stark das Terminal zu verschiedenen Zeitpunkten frequentiert ist. Ein möglicher Konflikt entsteht hier zwischen der Situation am Terminal und der Eigenschaften der gewählten Route. Eine Route, die es einem Spediteur erlaubt, zu einem günstigen Zeitpunkt am Terminal einzutreffen, mag deutlich länger als alternative Routen sein. Jeder Spediteur kann die damit verbundenen Kostendifferenzen individuell abschätzen.

Nicht zuletzt entstehen womöglich auch dem Terminalbetreiber Kosten in Abhängigkeit davon, wann ein LKW am Terminal eintrifft. Ggf. entstehende Mehrkosten, die durch einen Ablauf entstehen, der den Spediteuren entgegenkommt, müssen von diesen kompensiert werden.

Stickel (2008) formuliert dieses Ablaufplanungsproblem als ein WDP in einer speziellen Einrundenauktion, in der die Spediteure auf Zeitslots bieten. Die Slots sind in diesem Fall heterogene Güter (im Sinne einer Auktion, siehe auch Abschn. 2.2.2.2), da sie von den Bietern nicht als identisch wahrgenommen werden. Da die Be- oder Entladung eines LKWs mehrere solcher Slots umfassen kann, ist eine kombinatorische Auktion nötig, damit die Spediteure sicherstellen können, dass sie zueinander kompatible Slots erhalten. Die Gebote eines Spediteurs auf verschiedene Slots haben einen Wert, der sich aus der Kostenersparnis durch die entsprechende Tour und ggf. entstehende Wartezeiten ergibt. Der Terminalbetreiber erhebt eine Gebühr für jeden vergebenen Slot, der sich aus den von ihm veranschlagten Kosten ableitet. Das Ziel des WDP ist es dann, die gesamte Wohlfahrt der Spediteure, d. h. der gesamte Wert der ihnen zugeordneten Slots abzüglich der von ihnen an den Terminalbetreiber zu zahlenden Kompensationen, zu maximieren. Nach Ende der Auktion werden von den Spediteuren Preise in Form der Preise im Vickrey-Clarke-Groves-Mechanismus erhoben.

In einer Rechenstudie zeigt Stickel (2008), dass die Laufzeiten des Mechanismus kurz genug sind, um im operativen Betrieb eingesetzt zu werden. D. h., es wäre möglich, eine solche Auktion kurzfristig abzuhalten, was insbesondere deswegen interessant ist, da die geplanten Ankunftszeiten sich laufend durch die Verkehrssituation ändern können. Obwohl, wie in Abschn. 2.2.2.2 beschrieben, keine hohen Einnahmen des Terminalbetreibers garantiert werden können, zeigen empirische Befunde, dass die Einnahmen in den Experimenten mit zunehmender Konkurrenz der Spediteure steigen.

Be- und Entladung von Schiffen

Ein ganz ähnliches Problem wie das zuvor erläuterte ergibt sich in Häfen, wo über die Abfertigungsreihenfolge der Schiffe entschieden werden muss. Strandenes (2004) diskutiert verschiedene Preisfindungsmechanismen für die Be- und Entladung von Schiffen in Häfen. Zudem werden Anforderungen an einen Auktionsmechanismus, mit dem Slots an Schiffe vergeben werden können, formuliert. Schiffe unterscheiden sich in der Dauer für das Be- und Entladen erheblich. Das bedeutet, dass sich fest vorgegebene Zeitslots nicht eignen, da der Anfang der Be- oder Entladung eines Schiffes davon abhängt, welche Schiffe vorher be- und entladen wurden. Außerdem sollten Slots langfristig gekauft werden können, um den Reedereien Planungssicherheit zu bieten. Umgekehrt müssen dann aber auch Anreize geschaffen werden, einen Slot, den man zur Zeit besitzt, zu verkaufen, wenn er nicht mehr benötigt wird oder andere Slots geeigneter sind.

In Strandenes und Wolfstetter (2005) wird ein Mechanismus präsentiert, der diese Anforderungen erfüllt. Die Auktion, die eine (Neu-)Zuweisung von zeitvariablen Slots zu Reedereien vornimmt und die entsprechenden Preise ermittelt, wird in regelmäßigen Abständen durchgeführt. Jede Auktion wird dabei als Einrundenauktion durchgeführt. Vor jeder Auktion werden alle möglichen Ablaufpläne, d. h. alle möglichen Zuordnungen von Slots zu Schiffen, ermittelt. Jeder Bieter kommuniziert sein Wertempfinden bezüglich jedes dieser möglichen Ablaufpläne, und der Auktionator wählt den Ablaufplan aus, der das gesamte Wertempfinden aller Bieter maximiert. Preise werden analog zu dem Vickrey-Clarke-Groves-Mechanismus bestimmt, wobei hier die Besonderheit besteht, dass ein Bieter Einnahmen erhalten kann, wenn er einen Slot, den er zur Zeit besitzt, verkauft.

- Jeder Bieter, der einen Slot erhält, zahlt dafür einen Preis in Höhe des den anderen Bietern durch seine Teilnahme entgangenen gesamten Wertempfindens.
- Jeder Bieter, der einen Slot besitzt und ihn verkauft, erhält dafür einen Preis in Höhe der Steigerung des gesamten Wertempfindens der anderen Bieter, die mit dem Verkauf des Slots einhergeht.

Dies führt zu vier Gruppen von Bietern.

- Bieter, die einen Slot verkaufen und keinen neuen erhalten, nehmen lediglich den Preis für den verkauften Slot ein.
- Bieter, die einen Slot kaufen und keinen verkaufen, zahlen lediglich den Preis für den gekauften Slot.
- Bieter, die einen Slot verkaufen und einen neuen erhalten, nehmen den Preis für den verkauften Slot ein und zahlen den Preis für den gekauften Slot.
- Bieter, die weder kaufen noch verkaufen, haben weder Einnahmen noch Ausgaben.

Durch regelmäßige Wiederholung dieser Auktion ergibt sich im Zeitverlauf eine kontinuierliche Reallokation der Slots. Zudem zeigen Strandenes und Wolfstetter (2005), dass
wahrheitsgemäßes Bieten in ihrer Auktion eine dominante Strategie ist.

2.4   Zuammenfassung und Fazit

In diesem Beitrag wurden zunächst Entwurfsentscheidungen bei der Konzeption von
Auktionen und verschiedene gängige Auktionsformen vorgestellt. Es wird deutlich, dass
obwohl Auktionen seit Jahrzehnten ein zentrales Thema in der Forschung sind, zahlreiche
Fragen auch bei prototypischer Betrachtung der Materie nicht abschließend geklärt sind.

Ein zweiter Fokus lag auf der Verwendung von Auktionskonzepten in konkreten Anwen-
dungskontexten in der Logistik. Es wurden etliche Auktionen vorgestellt, die sich unter
anderem in den jeweils versteigerten Gütern und den Gebotssprachen unterscheiden. Es
ist ersichtlich, dass die prototypischen Konzepte der Auktionstheorie alleine in der Regeln
nicht ausreichen, um eine erfolgreiche Auktion zu gestalten. Stattdessen ist es fast immer
erforderlich, die Komponenten eines generischen Auktionsformats auf den konkreten
Anwendungskontext und dessen Anforderungen anzupassen. Dies führt dazu, dass die
meisten erfolgreichen Auktionen zwar als Beispiel dienen können, jedoch kaum unmittelbar auf anderen Anwendungsbereiche übertragbar sein dürften. Daher ist mit der Einführung einer Auktion für ein konkrete Anwendungsfeld in der Regel ein hoher Entwicklungs-
aufwand verbunden. Umgekehrt ist jedoch nicht von der Hand zu weisen, dass Auktionen
ein enormes Potential als Instrument zur effizienten Allokation von Ressourcen, insbesondere in der Logistik, haben und dieser Aufwand daher durchaus gerechtfertigt sein kann.

Literatur

Ausubel, L.M.: An efficient ascending-bid auction for multiple objects. American Economic Review
      94(5), 1452–1475 (2004)
Ausubel, L.M., Cramton, P.: Auctioning many divisible goods. Journal of the European Economic
      Association **2**(2–3), 480–493 (2004)
Ausubel, L.M., Milgrom, P.: Ascending Proxy Auctions, pp. 79–98. In: Cramton et al. [17] (2006)
Ausubel, L.M., Milgrom, P.: The Lovely but Lonely Vickrey Auction, pp. 17–40. In: Cramton et al.
      [17] (2006)
Ball, M., Donohue, G.L., Hoffman, K.: Auctions for the Safe, Efficient and Equitable Allocation of
      Airspace System Resources, pp. 507–538. In: Cramton et al. [17] (2006)
Bichler, M., Davenport, A., Hohner, G., Kalagnanam, J.: Industrial Procurement Auctions, pp. 593–
      612. In: Cramton et al. [17] (2006)
Bichler, M., Pikovsky, A., Setzer, T.: Kombinatorische Auktionen in der betrieblichen Beschaffung –
      Eine Analyse grundlegender Entwurfsprobleme. Wirtschaftsinformatik **47**(2), 126–134 (2005)
Bichler, M., Shabalin, P., Ziegler, G.: Efficiency with linear prices? A game-theoretical and com-
      putational analysis of the combinatorial clock auction. Information Systems Research **24**(2),
      394–417 (2013)

Borndörfer, R., Grötschel, M., Lukac, S., Mitusch, K., Schlechte, T., Schultz, S., Tanner, A.: An auctioning approach to railway slot allocation. Competition and Regulation in Network Industries **7**(2), 163–197 (2006)

Borndörfer, R., Mura, A., Schlechte, T.: Vickrey auctions for railway tracks. In: B. Fleischmann, K.H. Borgwardt, R. Klein, A. Tuma (eds.) Operations Research Proceedings 2008, pp. 551–556. Springer Berlin Heidelberg (2009)

Briskorn, D., Jørnsten, K., Nossack, J.: Pricing combinatorial auctions by a set of linear price vectors. OR Spectrum **38**(4), 1043–1070 (2016a)

Briskorn, D., Jørnsten, K., Zeise, P.: A pricing scheme for combinatorial auctions based on bundle sizes. Computers & Operations Research **70**, 9–17 (2016b)

Cantillon, E., Pesendorfer, M.: Auctioning Bus Routes: The London Experience, pp. 573–592. In: Cramton et al. [17] (2006)

Caplice, C., Sheffi, Y.: Combinatorial Auctions for Truckload Transportation, pp. 539–572. In: Cramton et al. [17] (2006)

Cramton, P.: Simultaneous Ascending Auctions, pp. 99–114. In: Cramton et al. [17] (2006)

Cramton, P., Ausubel, L.M.: Demand reduction and inefficiency in multi-unit auctions. Working paper, University of Maryland (2002). URL http://works.bepress.com/cramton/49

Cramton, P., Shoham, Y., Steinberg, R. (eds.): Combinatorial Auctions. MIT Press, Cambridge (2006)

Dang, V.D., Jennings, N.R.: Optimal clearing algorithms for multi-unit single-item and multi-unit combinatorial auctions with demand/supply function bidding. In: Proceedings of the 5th International Conference on Electronic Commerce, ICEC '03, pp. 25–30. ACM, New York, NY, USA (2003)

de Vries, S., Vohra, R.V.: Combinatorial auctions: A survey. INFORMS Journal on Computing **15**(3), 284–309 (2003)

Elmaghraby, W., Keskinocak, P.: Combinatorial auctions in procurement. In: T.P. Harrison, H.L. Lee, J.J. Neale (eds.) The Practice of Supply Chain Management: Where Theory and Application Converge. Springer, Berlin (2005)

Engelbrecht-Wiggans, R., Kahn, C.M.: Multi-unit auctions with uniform prices. Economic Theory **12**(2), 227–258 (1998)

Engelbrecht-Wiggans, R., Kahn, C.M.: Multi-unit pay-your-bid auctions with variable awards. Games and Economic Behavior **23**(1), 25–42 (1998)

Krishna, V.: Auction Theory, 2 edn. Academic Press (2009)

Ledyard, J.O., Olson, M., Porter, D., Swanson, J.A., Torma, D.P.: The first use of a combined-value auction for transportation services. Interfaces **32**(5), 4–12 (2002)

Markakis, E., Telelis, O.: Uniform price auctions: Equilibria and efficiency. In: M. Serna (ed.) Algorithmic Game Theory, Lecture Notes in Computer Science, pp. 227–238. Springer Berlin Heidelberg (2012)

Martínez-Pardina, I., Romeu, A.: The case for multi-unit single-run descending-price auctions. Economics Letters **113**(3), 310–313 (2011)

Milgrom, P.: Putting auction theory to work: The simultaneous ascending auction. Journal of Political Economy **108**(2), 245–272 (2000)

Milgrom, P.: Package auctions and exchanges. Econometrica **75**(4), 935–965 (2003)

Parkes, D.: ibundle: An efficient ascending price bundle auction. In: ACM Conference on Electronic Commerce, pp. 148–157 (1999)

Parkes, D.C.: Iterative Combinatorial Auctions, pp. 41–78. In: Cramton et al. [17] (2006)

Parkes, D.C., Ungar, L.H.: Iterative combinatorial auctions: Theory and practice. In: Proceedings of the Seventeenth National Conference on Artificial Intelligence and Twelfth Conference on Innovative Applications of Artificial Intelligence, pp. 74–81 (2000)

Pekeč, A., Rothkopf, M.H.: Combinatorial auction design. Management Science **49**(11), 1485–1503 (2003)

Perennes, P.: Use of combinatorial auctions in the railroad industry: Can the „invisible hand" draw the railroad timetable? Working Paper (2012). URL http://crninet.com/2012/C9d-1.pdf

Porter, D., Rassenti, S., Roopnarine, A., Smith, V.: Combinatorial auction design. Proceedings of the National Academy of Sciences **100**(19), 11,153–11,157 (2003)

Porter, D.P.: The effect of bid withdrawal in a multi-object auction. Review of Economic Design **4**(1), 73–97 (1999)

Rassenti, S.J., Smith, V.L., Bulfin, R.L.: A combinatorial auction mechanism for airport time slot allocation. The Bell Journal of Economics **13**, 402–417 (1982)

Rothkopf, M.H.: Thirteen reasons why the vickrey-clarke-groves process is not practical. Operations Research **55**(2), 191–197 (2007)

Sandholm, T., Suri, S.: Market clearability. In: In Proceedings of the Seventeenth International Joint Conference on Artificial Intelligence, pp. 1145–1151 (2001)

Schwind, M., Gujo, O., Vykoukal, J.: A combinatorial intra-enterprise exchange for logistics services. Information Systems and e-Business Management **7**(4), 447–471 (2009)

Stickel, M.: Effiziente, operative Torbelegung mittels kombinatorischer Auktionen. Logistics Journal : Nicht-referierte Veröffentlichungen (2008). http://10.2195/LJ_Not_Ref_Stickel_032008

Strandenes, S.P.: Port pricing structures and ship efficiency. Review of Network Economics **3**(2), 135–144 (2004)

Strandenes, S.P., Wolfstetter, E.: Efficient (re-)scheduling: An auction approach. Economics Letters **89**(2), 187–192 (2005)

Informationssysteme in der Logistik

3

Otto Ferstl

3.1 Informationssysteme als Teil logistischer Systeme

Aufgabe der Querschnittsfunktion Logistik ist die ganzheitliche, funktionsübergreifende Betreuung des Material- und Erzeugnisflusses innerhalb eines Unternehmens. Zur Durchführung dieser Aufgabe bestehen logistische Systeme aus leistungserstellenden Teilsystemen zum Fördern, Handhaben und Lagern von Gütern sowie aus Informationssystemen zur Lenkung der Leistungserstellung, im weiteren als Lenkungssysteme bezeichnet. Abb. 3.1a zeigt die Beziehung zwischen Lenkungs- und Leistungssystem als Regelkreis. Die beiden Systeme sind über Sensoren und Aktoren verknüpft. Der die Lenkungsaufgaben ausführende Regler nutzt im allgemeinen eine Hilfsregelstrecke, um den Zustand des Leistungssystems zu verfolgen und zu beeinflussen. Ein Beispiel einer Hilfsregelstrecke ist die Materialbuchführung eines Lagersystems, die den aktuellen Zustand des Materiallagers permanent mitschreibt.

Für ein Verständnis von Aufbau und Gestaltung logistischer Informationssysteme werden im Folgenden zunächst Architekturmerkmale von Informationssystemen erläutert. Entsprechend der dabei eingeführten Differenzierung zwischen der Aufgaben- und Aufgabenträgerebene eines Systems werden im Anschluss Vorgehensweisen zur Gestaltung der beiden Ebenen aufgezeigt. Der dabei verwendete Begriff Modell bezeichnet das Tripel (zu modellierendes System, Modellsystem, Abbildung) (Abb. 3.1b). Ein Modellsystem wird in Kurzform ebenfalls Modell genannt.

O. Ferstl (✉)
Universität Bamberg, Feldkirchenstraße 21, Bamberg, Deutschland
e-mail: otto.ferstl@uni-bamberg.de

© Springer-Verlag GmbH Deutschland, ein Teil von Springer Nature 2018
H. Tempelmeier (Hrsg.), *Modellierung logistischer Systeme*, Fachwissen Logistik,
https://doi.org/10.1007/978-3-662-57771-4_3

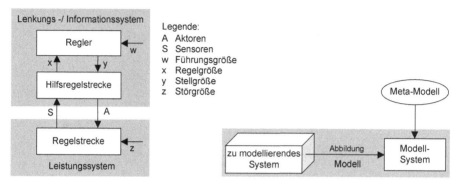

a) Logistisches System mit Hilfsregelstrecke   b) Modellbegriff

Abb. 3.1 Begriffe

3.2   Architektur eines Informationssystems

3.2.1   Architekturbegriff

Die Architektur eines Systems beschreibt dessen charakteristische und essenzielle Struktur- und Verhaltensmerkmale in Form eines Modells (vgl. Ferstl und Sinz 2013, S. 135). Charakteristische Merkmale zielen auf die Unterscheidbarkeit zu anderen Systemen, essenzielle Merkmale bestimmen den Systemkern, der Grundlage aller weiteren Merkmalsfestlegungen ist. Ein Architekturmodell bildet ein System ganzheitlich ab und expliziert dessen Schnittstellen zur Umwelt. Die dabei verwendeten Arten von Modellbausteinen und deren Beziehungen werden in einem Meta-Modell definiert, dessen Gestaltung sich an der fachspezifischen Vorstellungswelt der Modellierer orientiert. Diese Vorstellungswelt kommt in Metaphern zum Ausdruck. Im Fall der Modellierung von Informationssystemen werden folgende Metaphern verwendet, um syntaktische und semantische Konzepte von Modellbausteinen zu verdeutlichen. Syntaktische Konzepte beschreiben allgemein Art und Zweck der Modellbausteine sowie deren Beziehungen untereinander, semantische Konzepte nehmen auf die fachliche Bedeutung der Modellbausteine im Kontext einer spezifischen Modellierung Bezug.

3.2.2   Fluss- und Zustandsmodelle

Syntaktische Konzepte für die Darstellung der Architektur eines Informationssystems beruhen zumeist auf den Metaphern Flusssystem und Zustandsübergangssystem. Gemäß der Metapher Flusssystem besteht ein Informationssystem aus Objekten, die

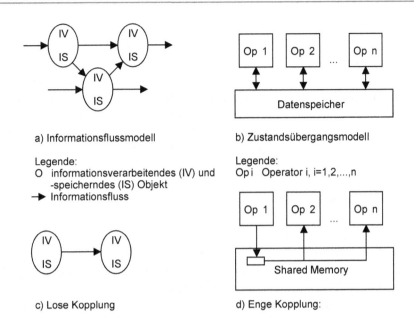

a) Informationsflussmodell

Legende:
O informationsverarbeitendes (IV) und
   -speicherndes (IS) Objekt
→ Informationsfluss

c) Lose Kopplung

b) Zustandsübergangsmodell

Legende:
Op i Operator i, i=1,2,...,n

d) Enge Kopplung:

Abb. 3.2 Fluss- und Zustandsübergangssystem

Informationen verarbeiten und speichern, sowie aus Informationsflüssen zwischen den Objekten (Abb. 3.2a). Ein Flussmodell beschreibt vorzugsweise die Struktur des Informationssystems anhand von Objekten und Flüssen, erfasst jedoch keine Systemzustände. Es eignet sich für die Modellierung eines Informationssystems auf der Makroebene und hilft insbesondere bei umfangreichen Systemen, das Gesamtsystem einschließlich der Interaktion der Teilsysteme zu verstehen.

Gemäß der zweiten Metapher Zustandsübergangssystem besteht ein Informationssystem aus einem Datenspeicher, der Zustände des Systems und der Systemumgebung – z. B. die Zustände eines zu lenkenden Leistungssystems – erfasst, sowie aus Operatoren, die im Datenspeicher Zustandsänderungen durchführen (Abb. 3.2b). Dieses Modell eines Informationssystems beschreibt vorzugsweise dessen Verhalten anhand ausgewählter Zustände und Zustandsänderungen. Es eignet sich für die Modellierung auf der Mikroebene und hilft, den schrittweisen Ablauf eines Informationssystems zu verstehen. Seine Erstellung und Handhabung stößt jedoch schnell an Komplexitätsgrenzen. Aufgrund der extrem hohen Anzahl möglicher Zustände eines umfangreichen Informationssystems ist diese Metapher nicht für ein Gesamtmodell, sondern nur für die Modellierung ausgewählter Teilsysteme geeignet und dient in der Regel zur Detaillierung von Flussmodellen. Trotz dieser Einschränkung bevorzugen viele Modellierer diese Metapher, da sie ihnen von den imperativen Programmiersprachen her vertraut ist.

Von besonderer Bedeutung für die Architektur eines Informationssystems sind die Interaktionsmechanismen zwischen den Systemkomponenten. In einem Flusssystem kommunizieren Objekte über Informationsflüsse und realisieren eine 1:1-Kommunikation zwischen Sender- und Empfängerobjekt (Abb. 3.2 c). Die beiden Objekte sind lose gekoppelt. Dagegen kommunizieren die Operatoren eines Zustandsübergangssystems durch Schreib- und Lesevorgänge in gemeinsamen Datenspeicherbereichen (shared memory) (Abb. 3.2d). Auf ein bestimmtes Speicherelement, das als Kommunikationskanal fungiert, kann von mehreren Objekten schreibend oder lesend zugegriffen werden. Es dient der Realisierung einer 1:1-, 1:n- oder m:n-Kommunikation. Sender- und Empfängeroperatoren sind über den gemeinsamen Datenspeicher eng gekoppelt.

3.2.3   Lenkungssysteme

Semantische Konzepte von Modellbausteinen für die Modellierung eines Informationssystems sind in erster Linie auf dessen Funktion als Lenkungssystem ausgerichtet. Sie beziehen dazu das Leistungssystem in die Beschreibung ein. Grundlage der Konzepte ist der in Abb. 3.1a in Form eines Flusssystems dargestellte Regelkreis mit hierarchischer Koordination der Regelstrecke durch den Regler. Dieser Regelkreis wird um folgende Aspekte erweitert (vgl. Ferstl und Mannmeusel 1995):

- Mehrstufige Regelung mit hierarchischer Koordination: Die Lenkungsaufgabe des Reglers wird in mehrere Teilaufgaben zerlegt. Die hierarchische Koordination der Teilaufgaben übernimmt ein weiterer übergeordneter Regler. Dieses Verfahren kann mehrfach angewendet werden und generiert jeweils eine neue Regelungsstufe. Abb. 3.3a zeigt als Beispiel den klassischen Ansatz eines MRPII-Lenkungssystems in Verbindung mit mehreren Leitständen. Die Abkürzung MRPII steht für Manufacturing Resource Planning. Die Lenkungsaufgabe wird dabei gemäß der Folge Output-, Input-, Throughput-Planung in die Planungsschritte Produktionsprogrammplanung, Mengenplanung, Kapazitäts- und Terminplanung zerlegt (vgl. Günther und Tempelmeier 2012, S. 333). Der aus der Zerlegung in die drei Planungsschritte folgende Koordinationsbedarf wird von einem übergeordneten Regler (Zielkoordination) behandelt. Die Ergebnisse der drei Planungsschritte sind Vorgaben für die Feinplanung in den Leitständen der nächstniedrigeren Regelungsstufe.
- Nichthierarchische Koordination: Die Aufgaben eines Produktionssystems werden hier alternativ nichthierarchisch durch Verhandlung zwischen den beteiligten Systemkomponenten koordiniert. In Abb. 3.3b verhandeln als Agenten bezeichnete Lenkungskomponenten mit dem Ziel, die Aufgaben des Leistungssystems zu koordinieren. Sie lenken die ihnen zugeordneten Komponenten des Leistungssystems unter Beachtung der Verhandlungsergebnisse. Ein zusätzlicher übergeordneter Regler koordiniert die Agenten durch Zielvorgaben. In vielen Unternehmen werden hierarchische und nichthierarchische Koordinationsverfahren kombiniert eingesetzt.

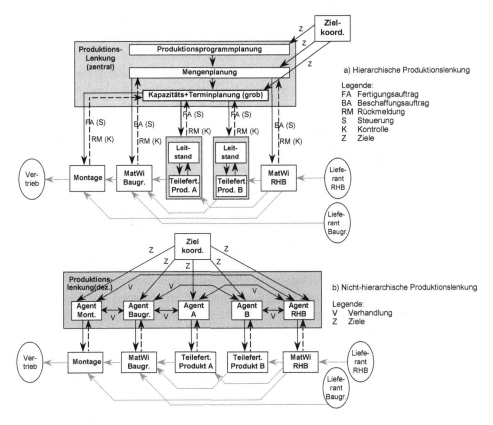

Abb. 3.3 Lenkungsformen

3.2.4 Modellierungsziele und Abstraktionsebenen

Das Modell eines realen Systems erfasst nur Systemmerkmale, die „wesentlich" bezüglich der Modellierungsziele sind, von den übrigen Merkmalen sowie von der Umgebung des Systems wird abstrahiert. Die Modellierungsziele bestimmen den Abstraktionsgrad des Modells. Vorbereitende Schritte einer Modellierung sind daher die Abgrenzung des zu modellierenden Systems und die Wahl der Modellierungsziele.

Ein Informationssystem wird von seiner Umgebung anhand der Eigenschaft „informationsverarbeitend" abgegrenzt. Es kann vom angrenzenden Leistungssystem nicht physisch abgetrennt werden, da dessen Komponenten in der Regel leistungserstellende und informationsverarbeitende Aktionen kombinieren (z. B. beinhaltet ein Transportsystem die Tätigkeiten Transportieren als Leistungserstellung und Steuerung als

Informationsverarbeitung.). Die Sprechweise vom Informationssystem eines Logistiksystems ist daher bereits das Ergebnis einer Abstraktion.

Bei der Wahl der Modellierungsziele eines Architekturmodells ist darauf zu achten, dass das zu modellierende System ganzheitlich erfasst wird, d. h. es dürfen keine wesentlichen Teilsysteme vernachlässigt werden. Überschaubare Modelle großer Systeme können somit nur entstehen, indem die Modellierungsziele bestimmte Eigenschaften hervorheben und andere niedriger gewichten. Die Modellierungsziele definieren so die Perspektive, aus der das System betrachtet wird. Modelle, die aus unterschiedlichen Modellierungszielen hervorgehen, müssen allerdings zueinander konsistent sein.

Aus der Vielzahl möglicher Blickwinkel auf das Originalsystem werden im Folgenden drei grundlegende Perspektiven ausgewählt, die sich in einer Reihe konkreter Modellierungsansätze wiederfinden. Ausgangspunkt hierfür ist das Verständnis eines Unternehmens als zielgerichtetes, offenes und sozio-technisches System. Die Modellierungsziele heben jeweils eines der drei Merkmale hervor und führen zu den drei Architekturmodellen (1) Unternehmensplan mit Betonung der Unternehmensziele und der Sicht *auf* das System, (2) Geschäftsprozessmodell mit Betonung der Offenheit und der Sicht *in* das System, d. h. Modellierung der Güter- und Informationsflüsse innerhalb des Systems sowie zwischen System und Umwelt, und (3) Spezifikation von Mensch-Maschine-Systemen als soziotechnische Aufgabenträger des Systems (Abb. 3.4). Die Modellierung eines Logistiksystems als Teilsystem eines Unternehmens folgt dieser Vorgehensweise. Die Ziele des Logistiksystems sind von den Unternehmenszielen abzuleiten. Die Systemgrenzen bei der Erstellung des Geschäftsprozessmodells sowie der Spezifikation der Mensch-Maschine-Systeme werden auf die Aufgabenstellung der Logistik eingeschränkt.

Für die Umsetzung der Modellierungsziele in konkrete Modellierungsschritte werden Abstraktionstechniken benötigt, die die Verwendung der Modellbausteine regeln. Entsprechend der genannten Differenzierung in syntaktische und semantische Konzepte von Modellbausteinen werden syntaktische Regeln für die Konfiguration von Modellbausteinen und deren Zusammenbau zu größeren Teilmodellen sowie semantische

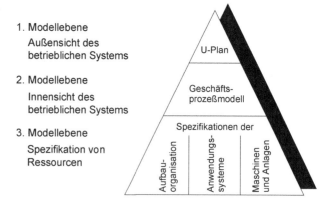

Abb. 3.4 Unternehmensarchitektur (vgl. Ferstl und Sinz 2013, S. 195)

1. Modellebene
   Außensicht des
   betrieblichen Systems

2. Modellebene
   Innensicht des
   betrieblichen Systems

3. Modellebene
   Spezifikation von
   Ressourcen

U-Plan

Geschäfts-
prozeßmodell

Spezifikationen der

Aufbau-
organisation

Anwendungs-
systeme

Maschinen
und Anlagen

Regeln für die Gestaltung der Abbildungsbeziehungen zwischen Modell und Originalsystem benötigt.

Die syntaktischen Regeln nutzen als Basistechnik die Typ- und Klassenbildung. Eine
Typbildung klassifiziert konkrete Eigenschaften realer Systeme als Ausprägungen eines
Typs (z. B.: Der Typ Farbe hat den Wertebereich bzw. die Ausprägungen blau, …) und
ermöglicht so, bei der Modellierung durch Verwendung des Typs von einzelnen Aus-
prägungen zu abstrahieren. Klassen erweitern die Typbildung auf die Klassifikation von
Systemkomponenten. Eine Klasse fasst Systemkomponenten zusammen, die durch einen
gemeinsamen Modellbaustein beschrieben werden können. Der Modellbaustein wird als
Typ der Klasse, die Komponenten als Instanzen der Klasse bezeichnet.

Weitere syntaktische Regeln, die Generalisierung (bzw. umgekehrt Spezialisierung)
und die Aggregation (bzw. umgekehrt Zerlegung) bauen auf der Basistechnik der Typ- und
Klassenbildung auf. Generalisierende Modellbausteine verdichten mehrere unterschiedliche Modellbausteine durch Abstraktion von Merkmalen, stimmen aber bezüglich der
verbleibenden Merkmalsmenge mit den Ausgangsbausteinen überein (z. B. Geschäfts-
partner ist eine Generalisierung von Kunde und Lieferant). Eine mehrstufige Generalisierung erzeugt eine Hierarchie von Modellbausteinen und unterstützt auf diese Weise
Modellierungsziele wie Qualität und Zeitdauer des Modellierungsvorgangs durch Wiederverwendung von Modellbausteinen. Die hohe Bedeutung der Wiederverwendung zeigen
Branchenmodelle als Generalisierung von Modellen der Unternehmen einer Branche oder
Referenzmodelle als Mustervorlagen beim Entwurf neuer Modelle.

Die Abstraktionstechnik Aggregation fasst Modellbausteine durch Montage von Ein-
zelbausteinen oder durch Verdichtung von Merkmalsausprägungen zusammen. Beispiele
für Verdichtungen sind Summen- oder Durchschnittsbildung (z. B. Monatsumsatz als
Aggregation von Tagesumsätzen). Bei der Montage entstehen Bausteinkomplexe, die wiederum in die Bestandteile zerlegt werden können (z. B. Das Merkmal Adresse aggregiert
die Merkmale Name, Straße, Ort).

Semantische Regeln gestalten die Abbildungsbeziehungen zwischen Modell und Originalsystem durch Vorgabe von Interpretationsvorschriften. Beispiele hierfür sind die bereits
genannte Unterscheidung zwischen Lenkungs- und Leistungssystem oder die Interpretation einer betrieblichen Organisation als ein System von Aufgaben und Aufgabenträgern.
Das Modell der betrieblichen Aufgaben kann von den Unternehmenszielen abgeleitet
werden und abstrahiert von den Aufgabenträgern. Das Modell der Aufgabenträger erfasst
die qualitative und quantitative Kapazität der Organisation. Die Trennung in diese beiden
Modelle ermöglicht darüber hinaus eine Untersuchung der Zuordnung zwischen Aufgaben und Aufgabenträgern.

3.2.5 Integration und Interoperabilität von Informationssystemen

Die Aufgaben eines Informationssystems werden zumeist durch Kooperation interagie-
render Systemkomponenten ausgeführt. Bei der Gestaltung der Systemarchitektur ist

daher zu klären, welche Komponenten an einer Aufgabendurchführung beteiligt sind und in welcher Weise sie miteinander oder mit der Systemumwelt interagieren. Wesentlich ist dabei die Frage nach dem Integrationsgrad des Systems. Der Integrationsgrad wird anhand folgender Struktur- und Verhaltensmerkmale des Systems bestimmt (vgl. Ferstl 1992; Ferstl und Sinz 2013, S. 240), erwünschte Ausprägungen dieser Merkmale werden als Integrationsziele bezeichnet.

- Strukturmerkmal Redundanz der Systemkomponenten: Integrationsziel ist die Vermeidung ungeplanter Redundanz von Komponenten. Eine geplante Redundanz kann aus Gründen der Verfügbarkeit und des Leistungsgrades sinnvoll sein. Die Prüfung auf Redundanz bezieht sich in einem Informationssystem vor allem auf die Komponenten Datenobjekttypen und Datenobjekte, Funktionen, Objekttypen und Objekte. Entsprechend wird zwischen Daten-, Funktions- und Objektredundanz unterschieden.
- Strukturmerkmal Interaktionskanäle zwischen den Systemkomponenten: Der Bedarf an Interaktion zwischen den Systemkomponenten ist aus der Aufgabenstellung eines Informationssystems abzuleiten. Integrationsziel ist die Verfügbarkeit ausreichend schneller, robuster und kontrollierbarer Interaktionskanäle.
- Verhaltensmerkmal Konsistenz der Systemzustände: Zwischen den Zuständen der Komponenten eines Informationssystems sind semantische und operationale Integritätsbedingungen zu beachten. Integrationsziel ist die permanente Einhaltung dieser Bedingungen.
- Verhaltensmerkmal Zielausrichtung der Systemkomponenten: Die Komponenten tragen zu den Systemzielen eines Informationssystems bei. Integrationsziel sind hohe, kontrollierbare Beiträge zu diesen Zielen.

Die Integration ist Teil der Innensicht eines Systems, die Außensicht führt zur Frage der Interoperabilität mit anderen Systemen. Die Ziele der Interoperabilität stimmen mit den beiden Integrationsteilzielen Interaktion der Systemkomponenten und Konsistenz der Systemzustände, angewendet auf die beteiligten interoperierenden Systeme, überein.

3.2.6 Sensoren und Aktoren eines Informationssystems

Ein Informationssystem steht mit dem Leistungssystem über Sensoren und Aktoren in Verbindung. Für die beiden Systeme und damit auch für die Sensoren und Aktoren gelten die Ziele der Integration und der Interoperabilität. Weitere Forderungen an Sensoren und Aktoren folgen aus ihrer speziellen Aufgabenstellung.

Sensoren melden Zustände des Leistungssystems an das Lenkungssystem bzw. an die Hilfsregelstrecke. Aktoren generieren Systemzustände entsprechend den Vorgaben. Anforderungen an Sensoren und Aktoren werden in die Kategorien Zeit, Qualität und Kosten gegliedert. Die Kategorie Zeit betrifft Zeitpunkt und Dauer der Erfassung und Übertragung von Zuständen, die Kategorie Qualität die erforderliche bzw. erreichbare Genauigkeit bei der Ermittlung bzw. Generierung von Systemzuständen. Die Kosten der

Sensoren und Aktoren, die aus den Anforderungen bezüglich der Zeit- und Qualitätsmerkmale resultieren, bilden die dritte Kategorie. In einem logistischen System mit stationären und mobilen Komponenten im Leistungs- und im Lenkungssystem sind akzeptable Kombinationen der drei Kategorien oft schwierig zu finden.

Ein spezielles Problem für die Sensoren bildet häufig die Identifikation von Material oder Erzeugnissen. Während Bearbeitungs- und Transportsysteme in der Regel ihre Identifikation mit sich führen und diese an Kommunikationspartner übermitteln können, gilt diese Regel für Material häufig nicht. Es werden Identifikationshilfen wie z. B. Barcode-Etikette benötigt, die aufgrund von Bearbeitungsvorgängen (z. B. Lackierung) in vielen Fällen nicht ausreichend und nicht dauerhaft befestigt bzw. gelesen werden können. Alternativ werden RFID-Funketikette (**R**adio-**F**requency **Id**entification) eingesetzt, die eine automatisierte Identifikation über elektromagnetische Wellen ermöglichen (vgl. Franke und Dangelmaier 2006).

3.3 Aufgabenebene eines Informationssystems

3.3.1 Modellierungsmethoden und -werkzeuge

Vorbereitende Schritte bei der Modellierung eines Informationssystems sind neben der Abgrenzung des Untersuchungsbereichs und der Festlegung der Modellierungsziele die Wahl der Modellierungsmethode und des Meta-Modells. Diese Wahl hängt von der Präferenz des Modellierers für die syntaktischen und semantischen Konzepte des jeweiligen Meta-Modells ab. Die gegenwärtig bekannten Modellierungsmethoden und deren Meta-Modelle, die im Folgenden erläutert werden, stellen weitgehend nur syntaktische Konzepte zur Verfügung und berücksichtigen semantische Konzepte noch wenig. Gemeinsam ist allen Modellierungsmethoden die Differenzierung zwischen der Aufgaben- und der Aufgabenträgerebene eines Informationssystems. Im Vordergrund steht die Modellierung der Aufgabenebene aus der Innensicht eines Informationssystems. Die explizite Modellierung von Zielen und Aufgabenträgern eines Informationssystems beziehen nur wenige Modellierungsmethoden mit ein.

Der Begriff Aufgabe bezeichnet eine Zielsetzung für zweckbezogenes Handeln. Bestandteile einer Aufgabe sind (1) ein Aufgabenobjekt, an dem sich das Handeln vollzieht, (2) Aufgabenziele in Form von Sach- und Formalzielen, die in den Sachzielen Zielzustände des Aufgabenobjektes, und in den Formalzielen darauf Bezug nehmende Gütekriterien festlegen, (3) eine Verrichtung bzw. ein Verfahren für die Umsetzung der Aufgabenziele und (4) Ereignisse, die eine Aufgabendurchführung auslösen bzw. bei der Durchführung erzeugt werden (Ferstl und Sinz 2013, S. 98). Nicht in die Aufgabenspezifikation einbezogen werden Merkmale personeller oder maschineller Aufgabenträger, um flexible Zuordnungen von Aufgaben zu Aufgabenträgern nutzen zu können.

Die Modellierung der Aufgaben eines Informationssystems unter Verwendung nur eines Typs von Modellbausteinen ist aufgrund der Komplexität und der Vielfalt der

Tab. 3.1 Modellierungssichten der Aufgaben eines Informationssystems

Sicht	Abkürzung	Aufgabenaspekt	Metapherbezug	Zeitbezug
Funktionssicht	F	Verrichtung	Operator	statisch
Datensicht	D	Aufgabenobjekt	Datenspeicher	statisch
Interaktionssicht	I	Ereignis	Interaktion	statisch
Vorgangssicht	V	Gesamtaufgabe		dynamisch

Aufgaben schwierig, vor allem aber bedingt durch die historische Entwicklung der Modellierungsmethoden nicht üblich. Die historische Entwicklung der Modellierungsmethoden wurde nicht von dem komplexen semantischen Konzept des Aufgabenbegriffs, sondern von den vergleichsweise einfachen syntaktischen Konzepten des Fluss- und Zustandsübergangssystems geprägt, die nur Teilaspekte einer Aufgabe erfassen. Das Gesamtmodell einer Aufgabe muss daher aus mehreren Sichten, die jeweils Teilaspekte einer Aufgabe erfassen, zusammengesetzt werden. Es werden folgende Sichten unterschieden (Tab. 3.1):

Die Funktionssicht beschreibt die Aufgabenverrichtung in Form einer oder mehrerer Funktionen, die ihrerseits aus weiteren Funktionen bestehen können. Die Datensicht ermittelt Datenstrukturen zur Beschreibung von Aufgabenobjekten. Die Interaktionssicht behandelt die Kommunikation zwischen Funktionen bzw. Aufgabenverrichtungen in Form einer engen oder losen Kopplung. Jede Zerlegung von Funktionen bedingt eine entsprechende Ergänzung der Kommunikationsbeziehungen. Die drei genannten Sichten erfassen Aufgaben statisch. Die Vorgangssicht fügt eine Betrachtung der Dynamik, d. h. Zeit- und Reihenfolgebeziehungen zwischen Funktionen bzw. zwischen den Aufgaben hinzu.

Für die Modellierung der Aufgaben und ihrer Sichten stehen die in Tab. 3.2 aufgeführten Modellierungsansätze zur Verfügung. Sie werden im Folgenden erläutert. Die Ansätze umfassen teils einzelne, teils mehrere Sichten auf ein Aufgabensystem. Die Beschränkung auf einzelne Sichten kann die Modellierung der Aufgaben vereinfachen, setzt allerdings voraus, dass die Strukturierung und Abgrenzung der Aufgaben vorab festgelegt ist, und

Tab. 3.2 Modellierungsansätze und Sichten auf Aufgaben (vgl. Ferstl und Sinz 2013, S. 142)

Modellierungsansatz	Verwendete Sichten
Funktionale Zerlegung	F
Datenflussansatz	F, I, (V)
Datenmodellierung	D
Objektorientierter Ansatz	F, D, I, (V)
Geschäftprozessorientierter Ansatz	F, D, I, V

diese Abgrenzung allen Sichten gemeinsam zugrunde liegt. Andernfalls können die aus der Modellierung der Sichten gewonnenen Ergebnisse nicht eindeutig zu vollständigen Aufgabenmodellen zusammengesetzt werden. Diese grundlegende Bedingung wird allerdings nur von wenigen zur Zeit verfügbaren Modellierungsansätzen erfüllt.

3.3.2 Funktions- und Datenorientierte Modellierungsansätze

Die Funktionale Zerlegung ermittelt eine Funktionssicht durch mehrstufige Zerlegung von Aufgabenverrichtungen bzw. Funktionen. Jede Funktion wird durch Angabe von Funktionszweck und –inhalt sowie ihrer Schnittstellen zu anderen Funktionen oder lokalen Datenspeichern beschrieben. Ein Beispiel hierfür ist HIPO (Hierarchy of Input-Process-Output) (siehe z. B. Balzert 1982). Dieser historisch älteste Modellierungsansatz hat kaum noch praktische Bedeutung, da er mit anderen Modellierungsansätzen nicht geeignet integriert werden kann.

Der Datenflussansatz erweitert die Funktionale Zerlegung um die Interaktionssicht. Neben den Funktionen, hier als Aktivitäten bezeichnet, werden auch Datenflüsse zwischen den Funktionen sowie lokale Datenspeicher erfasst. Beispiele hierfür sind SA (Structured Analysis) und SADT (Structured Analysis and Design Technique) (vgl. Balzert 2000, S. 432 ff; DeMarco 1979; McMenamin und Palmer 1988). In einer erweiterten Form werden die Interaktionsbeziehungen in Daten- und Kontrollflüsse, letztere für die Beschreibung der Reihenfolge von Funktionsdurchführungen, differenziert und damit eine einfache Vorgangssicht in die Modellierung einbezogen. Der Datenflussansatz schließt die Datensicht nicht mit ein und ist daher für eine vollständige Modellierung von Aufgaben mit Datenmodellierungsansätzen zu koppeln. Diese Koppelung unterstützt allerdings nicht das genannte Konzept einer einheitlichen Aufgabenstrukturierung und bildet in der Praxis eine stete Quelle für Modellierungsfehler.

Die Datenmodellierung beschreibt die Aufgabenobjekte eines Informationssystems zusammenhängend in Form eines konzeptuellen Datenschemas. Das Schema besteht aus Datenobjekttypen mit zugeordneten Attributen sowie Beziehungen zwischen den Datenobjekttypen. Die Attribute beruhen auf einer Typbildung und haben einen Wertebereich (Domäne). Mit Hilfe der Abstraktionstechnik Generalisierung werden verallgemeinerte Datenobjekttypen gebildet. Datenobjekttypen erfassen im Allgemeinen nicht vollständige Aufgabenobjekte, sondern Teilbereiche hieraus. Die Abgrenzung eines vollständigen Aufgabenobjekts ist aus dem konzeptuellen Datenschema nicht ersichtlich, sondern muss in Form eines externen Datenschemas als Teilausschnitt des konzeptuellen Datenschemas definiert werden.

Vielfach verwendete Datenmodellierungsansätze sind das ERM (Entity-Relationship-Model) (Chen 1976) und das SERM (Strukturiertes Entity-Relationship-Modell) (Sinz 1988). Das ERM verwendet zwei Arten von Modellbausteinen, den Gegenstandsobjekttyp (Entity-Typ) und den Beziehungstyp (Relationship-Typ). Ein Gegenstandsobjekttyp erfasst einen Teilbereich eines Aufgabenobjekts. Ein Beziehungstyp beschreibt

Zuordnungsbeziehungen zwischen Gegenstandsobjekttypen. In der Praxis weisen Entity-Relationship-Diagramme eine hohe Komplexität auf, deren Beherrschung mit Hilfe des SERM-Ansatzes erleichtert wird. SERM unterstützt die Modellierung, indem Existenzabhängigkeiten zwischen den Gegenstandsobjekttypen als Ordnungsschema herangezogen werden und damit das Diagramm in Form eines quasi-hierarchischen Graphen dargestellt werden kann.

3.3.3 Objektorientierte Modellierungsansätze

Objektorientierte Modellierungsansätze beschreiben die Aufgaben eines Informationssystems als einen Verbund von Objekttypen. Jeder Objekttyp wird durch Attribute, Operatoren (Methoden) und Nachrichtendefinitionen spezifiziert. Die Generalisierung von Objekttypen ermöglicht Hierarchien von Super- und Sub-Objekttypen. Dabei vererbt ein Super-Objekttyp seine Attribute, Operatoren und Nachrichtendefinitionen an seine Sub-Objekttypen.

Objekttypen integrieren die Daten-, Funktions- und Interaktionssicht anhand der Merkmale Attribute, Operatoren und Nachrichtendefinitionen. Zusätzlich wird eine eingeschränkte Vorgangssicht durch die Festlegung von Nachrichtenprotokollen ermöglicht. Die Metaphern Flusssystem und Zustandsübergangssystem finden gemeinsam Anwendung. Letztere beschreibt einzelne Objekttypen, die erste Metapher erfasst einen Verbund von Objekttypen.

Objektorientierte Modellierungsansätze vermeiden die Probleme der Kopplung inkompatibler Sichten wie im Falle der Daten- und Funktionsmodellierung und bilden daher einen wichtigen Meilenstein in der Entwicklung von Modellierungsmethoden. Für die Modellierung ihrer Attribute, Operatoren und Nachrichtendefinitionen werden dafür geeignete Methoden der funktions- und datenorientierten Modellierungsansätze übernommen. Beispiel für objektorientierte Ansätze sind OMT (Object Modeling Technique) (Rumbaugh et al. 1991), OOSE (Object-Oriented Software Engineering) (Jacobson et al. 1992) und Booch (2004). Sie sind Grundlage der Modellierungssprache UML (Unified Modeling Language), die durch die OMG (Object Management Group) standardisiert wurde und gegenwärtig in Version 2.3 vorliegt (siehe z. B. Fowler und Scott 2000) und www.uml.org).

3.3.4 Geschäftsprozessorientierte Modellierungsansätze

Funktions- und datenorientierte sowie objektorientierte Modellierungsansätze erfassen die Aufgabenmerkmale Aufgabenobjekt, Verrichtung und Ereignisse mit Hilfe der Daten-, Funktions- und Interaktionssicht. Nicht berücksichtigt werden in diesen Ansätzen die Modellierung von Aufgabenzielen und das dynamische Zusammenwirken innerhalb eines Verbundes von Aufgaben. Geschäftsprozessorientierte Modellierungsansätze erweitern die bisherigen Ansätze um die Modellierung dieser beiden Aspekte. Für eine Einbeziehung der Aufgabenziele sind die syntaktischen Konzepte der Modellbausteine um semantische Konzepte zu erweitern.

Klassische Formen geschäftsprozessorientierter Modellierungsansätze verwenden die genannten funktions- und datenorientierten Modellierungsmethoden für die Funktions-, Daten- und Interaktionssicht und ergänzen diese um eine Vorgangssicht in Form einer Beschreibung des ereignisgesteuerten Ablaufs von Aufgaben, bzw. Funktionen. Beispiele hierfür sind das Konzept der ereignisgesteuerten Prozesskette (EPK) als Teil des ARIS–Architekturkonzepts (Scheer 1995, 1998) oder die Methode PROMET (Österle 1995).

Im Modellierungsansatz des Semantischen Objektmodells (SOM) (Ferstl und Sinz 1990, 1991, 1995, 2013, S. 194 ff) werden neben der Vorgangssicht auch die Aufgabenziele in die geschäftsprozessspezifischen Erweiterungen einbezogen. Das in den Ansatz integrierte Vorgangs-Ereignisschema dient dem ereignisgesteuerten Ablauf von Aufgaben. Das Merkmal Aufgabenziel wird in einem Modellbaustein *betriebliches Objekt* berücksichtigt. Ein betriebliches Objekt modelliert einen Verbund eng gekoppelter Aufgaben. Die Aufgaben des Verbundes beinhalten ein gemeinsames Aufgabenobjekt, aber spezifische Ziele und Verrichtungen je Aufgabe. Im Gegensatz zu den genannten objektorientierten Modellierungsansätzen, in denen ein Verbund von Objekten eine Aufgabe abbildet, erfasst im SOM-Ansatz umgekehrt ein betriebliches Objekt einen Verbund von Aufgaben. Betriebliche Objekte interagieren in Form von *Transaktionen*, die eine lose Kopplung zwischen den Aufgaben der beteiligten Objekte realisieren. Der Modellbaustein Transaktion unterstützt als semantisches Konzept unterschiedliche Form der Koordination von Aufgaben bzw. betrieblichen Objekten. Es stehen Kommunikationsprotokolle für hierarchische und nicht-hierarchische Formen der Koordination zur Verfügung.

3.3.5 Integrationskonzepte

Die Aufgaben eines Informationssystems wirken zusammen mit dem Ziel, die Gesamtaufgabe des Informationssystems integriert auszuführen. Diesem Zusammenwirken liegen Integrationsziele bezüglich Redundanz, Interaktion, Konsistenz und Zielausrichtung zugrunde. Zur Umsetzung der Integrationsziele stehen folgende Integrationskonzepte zur Verfügung (vgl. Ferstl 1992; Ferstl und Sinz 2013, S. 243).

- Funktionsintegration: Bei der Funktionsintegration interagieren Funktionen über Kommunikationskanäle in Form einer losen Kopplung. Es wird nur das Integrationsziel bezüglich der Interaktionskanäle zwischen den Systemkomponenten verfolgt. Die Funktionsintegration korrespondiert inhaltlich und zeitlich mit den funktionsorientierten Modellierungsansätzen und wird daher nur eingeschränkt verwendet.
- Datenintegration: Die Datenintegration korrespondiert mit dem Konzept der Datenmodellierung. Die lokalen Datenspeicher der Aufgabenobjekte des Aufgabensystems und alle Kommunikationskanäle werden im konzeptuellen Datenschema zu einem globalen Datenspeicher zusammengefasst. Die Aufgaben werden über die

Kommunikationskanäle eng gekoppelt. Die Datenintegration unterstützt die Integrationsziele Vermeidung ungeplanter Datenredundanz und Erhaltung der Konsistenz der Systemzustände. Ein hoher Anteil der im Einsatz befindlichen Informationssysteme nutzt dieses Integrationskonzept.

- Objektintegration: Die Objektintegration ist auf das Konzept der objektorientierten und geschäftsprozessorientierten Modellierungsansätze ausgerichtet. Ein Informationssystem besteht hier aus zwei Arten von Objekten. Konzeptuelle Objekte repräsentieren Aufgabenobjekte und Basisoperatoren für deren Manipulation. Aufgabenziele werden von Vorgangsobjekten verfolgt, die dazu konzeptuelle Objekte mit der Durchführung von Operationen beauftragen. Alle Objekte sind lose gekoppelt. Die Objektintegration unterstützt alle genannten Integrationsziele.

3.4 Aufgabenträgerebene eines Informationssystems

3.4.1 Automatisierungsgrad und Aufgabenträgerzuordnung

Die Gestaltung der Aufgaben logistischer Informationssysteme ist zunächst nicht an Art und Kapazität der dafür verfügbaren Aufgabenträger gebunden. Deren Gestaltung ist erst Gegenstand eines anschließenden zweiten Modellierungsschritts. Abhängigkeiten zwischen Aufgaben und Aufgabenträgern, wie sie in realen Systemen natürlich auftreten, werden bei der Modellierung durch wiederholte rückgekoppelte Modellierungsschritte berücksichtigt.

Aufgabenträger für die Durchführung der Aufgaben logistischer Informationssysteme sind (1) Anwendungssysteme, bestehend aus Software- sowie Rechner- und Kommunikationssystemen einschließlich Sensoren und Aktoren, und (2) Personen, die nicht-automatisierbare Aufgaben oder Aufgabenteile übernehmen. Von Personen durchzuführende Aufgaben sind z. B. Entscheidungsaufgaben, deren Entscheidungsverfahren nicht spezifiziert ist, oder Datenerfassungsaufgaben für die Überbrückung von Medienbrüchen. Abhängig von der Aufgabenteilung wird von voll-automatisierten, nicht-automatisierten oder teilautomatisierten Aufgaben gesprochen.

Die Kooperation zwischen Mensch und Anwendungssystem bei der Aufgabendurchführung wird abhängig von den Rollen der Beteiligten als Partner-Partner-Beziehung oder Mensch-Werkzeug-Beziehung interpretiert. In Partner-Partner-Beziehungen lösen beide Partner je eine ihnen zugeordnete Aufgabe und tauschen die Aufgabenergebnisse über Kommunikationseinrichtungen aus (Abb. 3.5a). Die Aufgabenträger benötigen dabei nur das Verständnis ihrer lokalen Aufgabe. Datenerfassungsaufgaben oder einfache Sachbearbeiteraufgaben folgen diesem Rollenbild. Dagegen kooperieren Mensch und Anwendungssystem bei der Durchführung einer gemeinsamen Aufgabe häufig in Form folgender Arbeitsteilung, die als Mensch-Werkzeug-Beziehung bezeichnet wird (Abb. 3.5b). Das Aufgabenlösungsverfahren wird hierzu aufgetrennt in eine Menge von Operationen

Abb. 3.5 Rollen von Mensch und Anwendungssystem bei der Aufgabendurchführung

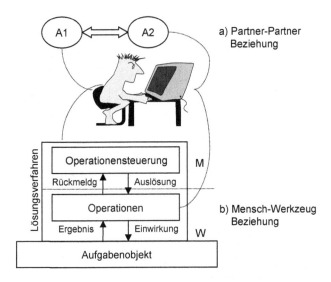

(Werkzeuge), die auf das Aufgabenobjekt einwirken, und eine Operationensteuerung, die Auswahl und Reihenfolge der Operationen bestimmt. Bei einer Mensch-Werkzeug-Beziehung übernimmt eine Person die Operationensteuerung, das zugehörige Anwendungssystem die Durchführung der Operationen. Die steuernde Person kann bei ihrer Steuerungsaufgabe zusätzlich durch – als Assistenten bezeichnete – Anwendungssystemkomponenten unterstützt werden.

3.4.2 Anwendungssystem-Architekturen

3.4.2.1 Client/Server-Systeme

Ein Anwendungssystem stellt den Operationenvorrat für die Durchführung des vollständigen oder anteiligen Lösungsverfahrens einer Aufgabe zur Verfügung (Abb. 3.6). Die

Abb. 3.6 Anwendungssystem (AwS)und Systemplattform

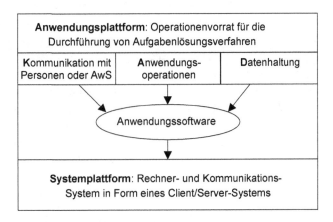

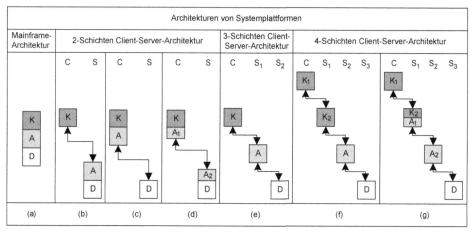

Architekturen von Systemplattformen

Legende

C: Client-System
S, S_1, S_2, S_3: Server-Systeme

K, A, D: Teilsysteme für
Kommunikation, Anwendung
und Datenhaltung

Abb. 3.7 Client/Server-Architekturen

Operationen werden von der Anwendungssoftware unter Nutzung der zugrunde liegenden Systemplattform realisiert. Die Differenzierung zwischen den beiden Ebenen erlaubt, ein Anwendungssystem auf der Grundlage unterschiedlicher Systemplattformen zu realisieren.

Die Zuordnungen zwischen Anwendungssystemen und Systemplattformen werden abhängig von Anzahl und Rolle der beteiligten Rechner in mehrere Grundkonfigurationen gegliedert (Abb. 3.7). Grundlage der Gliederung ist die Aufteilung eines Anwendungssystems in drei Funktionsbereiche für (1) die Kommunikation mit Personen oder weiteren Anwendungssystemen (K), (2) die Durchführung der Anwendungsoperationen (A) und (3) die zugehörige Datenhaltung (D) (vgl. Ferstl und Sinz 2013, S. 321). In Stand-alone-Anwendungssystemen führt ein Rechnersystem alle drei Funktionsbereiche aus (a). Seit Einführung von Personalcomputern in den 80er Jahren werden Client/Server-Systeme bevorzugt, welche die genannten Funktionsbereiche auf mehrere Rechner verlagern. Die eingesetzten Rechner werden nach ihrer Rolle innerhalb des Rechnerverbundes als Client oder Server bezeichnet. Client-Rechner beauftragen Server mit der Durchführung von Operationen. Ein bestimmter Rechner kann sowohl Client- als auch Server-Aufgaben übernehmen. Die in Abb. 3.7 dargestellte Reihenfolge von Client/Server-Systemen beschreibt von links nach rechts auch die historische Entwicklung. Die zu Beginn eingeführten PC-Hostsysteme (b) dienten vorzugsweise dazu, bestehende Anwendungssysteme durch grafische Mensch-Rechner-Kommunikation zu modernisieren. Die Einführung lokaler Netzwerke und die rasche Leistungssteigerung der Personalcomputer ermöglichten den Übergang zu Clients in Form von Arbeitsplatzrechnern und Server-Systemen für Datei- oder Datenbank-Management (c). Diese Variante wird im Bereich kleinerer Anwendungssysteme weiterhin häufig verwendet. Hier werden am Arbeitsplatzrechner Anwendungsoperationen und die Kommunikation mit Personen oder weiteren Anwendungssystemen durchgeführt. Eine unter Last- und Kommunikationsaspekten verbesserte Aufgabenteilung zwischen Client und Server bietet die Variante (d), in der die Anwendungsoperationen (A1, A2) auf Client und Server verteilt sind. Allerdings bewirkten Komplexitätsprobleme bei Entwicklung und Betrieb dieser Systeme einen Übergang zu 3-schichtigen Client-Server-Systemen, in denen jedem Funktionsbereich ein eigener Client- bzw. Server zugeordnet ist (e). Einer Vielzahl von Clients steht eine begrenzte Anzahl von Server gegenüber. Die Verteilung der Anwendungsoperationen und der Datenhaltung auf wenige Server-Systeme ermöglicht eine gegenüber den Varianten (c) und (d) geringere funktionale Redundanz und weniger Organisations- und Wartungsaufwand sowie eine angepasste Kommunikationsinfrastruktur. Die Kommunikationsanforderungen zwischen den Server-Systemen S1 für Anwendungsoperationen und S2 für Datenhaltung sind in der Regel weit höher als die Anforderungen zwischen Client und S1. Die Nutzung Web-basierter Systeme erfordert die Zerlegung der Kommunikation in Web-Clients und Web-Server und damit den Übergang zu den Varianten (f) und (g). In der Variante (g) führen z. B. Servlets Anwendungsfunktionen durch.

3.4.2.2 Integrierte, verteilte Anwendungssysteme

Mit Beginn des Rechnereinsatzes seit den 60er Jahren wurden Anwendungssysteme als Insellösungen für die Durchführung einzelner Aufgaben konstruiert. Bereits in den 70er Jahren übernahmen integrierte Anwendungssysteme umfangreiche Aufgabennetze und automatisierten die einzelnen Aufgaben einschließlich ihrer Interaktionen. Im aktuellen Einsatz bilden Anwendungssysteme für logistische Aufgaben Teilsysteme in integrierten Anwendungssystemen, die den gesamten operativen Bereich eines Unternehmens für die Auftragsabwicklung umfassen und zunehmend Managementunterstützungsfunktionen für strategische Führungsaufgaben mit beinhalten. Für die Interaktion der Aufgaben innerhalb eines solchen Aufgabennetzes werden die in Abschn. 3.3.5 beschriebenen Integrationskonzepte verwendet. Aktuell werden vor allem die Daten- und die Objektintegration genutzt. Die beiden Integrationskonzepte korrespondieren zeitlich und inhaltlich mit entsprechenden informationstechnologischen Entwicklungen. Anwendungssysteme mit Datenintegration nutzen Datenbanksysteme nicht nur für die Datenhaltung, sondern auch für die Interaktion der Aufgaben. Interagierende Aufgaben kommunizieren hier durch Schreib- und Leseoperationen auf gemeinsamen Datenobjekten. Die Objektintegration beruht auf der flexiblen Interaktion von konzeptuellen Objekten und Vorgangsobjekten mit Hilfe von Nachrichten. Anwendungssysteme nutzen hierbei Middleware-Plattformen, in denen durch Standardisierung der Objektverwaltung und der Kommunikation zwischen den Objekten unternehmensweite, rechner-übergreifende Anwendungssystemarchitekturen möglich werden (vgl. Ferstl und Sinz 2013, S. 430). Mit Einführung von Client/Server-Systemen werden integrierte Anwendungssysteme durchwegs als verteilte Systeme gestaltet, d. h. die Operationen einer Anwendungsplattform werden auf mehrere Rechner verteilt.

Integrierte Anwendungssysteme entstanden mit dem Ziel, komplexe Aufgabennetze einschließlich der Interaktion der Aufgaben zu automatisieren. Nicht-automatisierte

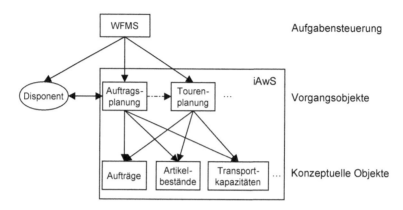

Abb. 3.8 Einsatzformen von Integrierten Anwendungssystemen und WFMS

Aufgaben oder Aufgabenteile werden mit einem integrierten Anwendungssystem über Partner-Partner- oder Mensch-Werkzeug-Beziehungen verknüpft. Abb. 3.8 zeigt ein integriertes Anwendungssystem für die beiden Aufgaben *Auftragsplanung* und *Tourenplanung* mit folgenden Annahmen. Die *Tourenplanung* ist vollautomatisiert. Die *Auftragsplanung* wird teilautomatisiert in Kooperation mit einem *Disponenten* durchgeführt. Das Anwendungssystem ist gemäß der Objektintegration strukturiert, d. h. die den Aufgaben zugeordneten Vorgangsobjekte steuern die Operationen der Konzeptuellen Objekte. Die Beziehung zwischen *Disponent* und *Auftragsplanung* kann als Partner-Partner- oder als Mensch-Werkzeug-Beziehung gestaltet werden. Im letzteren Fall werden die Operationen des Vorgangsobjekts *Auftragsplanung* vom *Disponenten* gesteuert.

3.4.2.3 Workflow-Systeme

Im Konzept der Workflow-Systeme wird der Ansatz der integrierten Anwendungssysteme erweitert, um bisher nicht automatisierte Aufgaben in die Aufgabensteuerung und -überwachung einbeziehen zu können. Analog zur aufgabeninternen Differenzierung eines Aufgabenlösungsverfahrens in die Ebenen Operationen und Operationensteuerung werden die Ebenen Ablaufsteuerung und Durchführung eines Aufgabennetzwerkes aufgetrennt und die Ablaufsteuerung des Netzwerkes automatisiert. Die einzelnen Aufgaben des Netzwerks können beliebige Automatisierungsgrade annehmen. Metapher und Ausgangspunkt für dieses Konzept sind Büroabläufe mit Sachbearbeitern, die Aufgaben durchführen. Die Ablaufsteuerung erfolgt hier durch eine entsprechende Ablauforganisation. In Workflow-Systemen werden die einzelnen Aufgaben durch Anwendungssysteme oder durch Personen erledigt, die Ablaufsteuerung sowie die Auswahl und Zuordnung der Aufgabenträger erfolgt durch ein Workflow-Management-System (WFMS). In Abb. 3.8 steuert das WFMS die Aufgaben des Disponenten und die des Anwendungssystems. Synchron zur Ablaufsteuerung versorgt das WFMS die Bearbeiter mit den erforderlichen Dokumenten.

Ein höherer Automatisierungsgrad der Ablaufsteuerung eines Aufgabennetzwerkes erweitert auch dessen Integrationsbereich. Die Einbeziehung nichtautomatisierter

Aufgaben und der zugehörigen personellen Aufgabenträger in den Kontrollbereich eines WFMS bietet eine Reihe von Vorteilen. Dazu zählen (vgl. Schulze 2000, S. 27)

- eine Qualitätsverbesserung sowie eine Reduzierung von Dauer und Kosten der Durchführung nichtautomatisierter Aufgaben durch höhere Unabhängigkeit vom Leistungsstand einzelner Personen,
- die Möglichkeit der Aufzeichnung der Bearbeitungsfolgen für Kontroll- und Auskunftszwecke,
- die Möglichkeit der Einsicht in den Bearbeitungsstatus von Vorgängen und in die Auslastung der Aufgabenträger,
- die Möglichkeit einer verbesserten Aufgabenabgrenzung und –zuordnung, die Leistungs- und Job Enrichment-Aspekte berücksichtigt.

3.4.3   Kommunikationssystem-Architekturen

3.4.3.1 Kommunikationsinfrastruktur

Kommunikationssysteme spielen in logistischen Informationssystemen eine besondere Rolle, da viele Aufgabenträger aufgrund ihrer Aufgabenstellung mobil sind und damit besondere Anforderungen an die Kommunikation auftreten. Es besteht Bedarf an Sprach- und Datenkommunikation, sowie an Übertragung von Fest- und Bewegtbildern. Die Situation hat sich seit den 90er Jahren enorm verbessert. Die Leistungsfähigkeit von Lokalen Netzen und Weitverkehrsnetzen wurde, soweit sie als Festnetz betrieben werden, deutlich gesteigert und zugleich angeglichen. Gegenwärtig verfügbare Netze bieten Übertragungsraten von etwa 10^4 bis 10^8 bit/sec bei Weitverkehrsnetzen und ca. 10^{10} bit/sec bei lokalen Netzen. Aktuelle Beispiele allgemein verfügbarer Netze sind ISDN-Weitverkehrsnetze mit 64 Kbit/sec, DSL-Verbindungen mit bis zu 50 Mbit/sec sowie lokale Netze mit 1 Gbit/sec (vgl. z. B. Tanenbaum 2002).

Von größter Bedeutung für logistische Informationssysteme sind die Entwicklungen im Bereich Mobilfunk. Nach Verbreitung des Universal Mobile Telecommunication System (UMTS) steht nun das System Long Term Evolution (LTE) mit einer Vervielfachung der Übertragungsleistung vor der allgemeinen Einführung. Dank dieser Kommunikationsleistungen wird der Automatisierungsgrad logistischer Aufgaben rasch anwachsen.

3.4.3.2 Kommunikationsprotokolle

Die genannte Kommunikationsinfrastruktur dient der Kommunikation zwischen Anwendungssystemen wie auch der Kommunikation innerhalb von verteilten Anwendungssystemen. Kommunikationsdienste sind auf die Nutzung durch möglichst viele Partner auszurichten und benötigen daher einen möglichst hohen Standardisierungsgrad der verwendeten Kommunikationsprotokolle. Ein hoher Anteil der zur Zeit verfügbaren Kommunikationsinfrastruktur unterstützt Protokollstandards des OSI-Referenzmodells oder der TCP/IP-Protokollfamilie (vgl. Tanenbaum 2002). In den anwendungsnahen Schichten der

Protokollfamilien liegen unter der Bezeichnung EDIFACT (Electronic Data Interchange for Adminstration, Commerce and Transport) Vereinbarungen für den Nachrichtenaustausch zwischen Unternehmen vor. Allerdings wird dieser weltweite Standardisierungsanspruch durch einen sehr langsamen und wenig flexiblen Standardisierungsprozess erkauft. Der umfassende Standardisierungsbedarf und die erforderliche Flexibilität der Regelungen begünstigen alternative Standardisierungsprozesse.

Großen Erfolg versprechen Standardisierungsansätze, die nur die Meta-Ebene von Kommunikationsprotokollen festlegen und flexible Formen der Kommunikationsprotokolle in der Weise ermöglichen, indem Protokollvereinbarungen vor Beginn des Kommunikationsprozesses ausgetauscht und interpretiert werden. Als Standard für die Festlegung der Meta-Ebene hat sich inzwischen die Sprache Extensible Markup Language (XML) weitgehend durchgesetzt (vgl. Goldfarb und Prescot 1999). XML wurde aus dem komplexeren und weitaus umfangreicheren Standard SGML (Standard Generalized Markup Language) abgeleitet. Die Bedeutung des Standards XML resultiert vor allem aus seiner Verbreitung im Internet und der dafür verfügbaren Werkzeuge für Entwicklung und Betrieb darauf basierender Anwendungssysteme.

Literatur

Balzert H.: Die Entwicklung von Software-Systemen. B.I.-Wissenschaftsverlag, Mannheim 1982

Balzert H.: Lehrbuch der Softwaretechnik. Softwareentwicklung. 2. Aufl., Spektrum Akademischer Verlag Heidelberg 2000

Booch G.: Object-oriented analysis and design with applications. 3rd Edition, Benjamin/Cummings Publishing Co., Redwood City 2004

Chen P.P.-S.: The Entity-Relationship Model - Toward a Unified View of Data. In: ACM Transactions on Database Systems, Vol. 1, No. 1 (1976), 9-36

DeMarco T.: Structured Analysis and System Specification. Yourdon Press, Englewood Cliffs 1979

Ferstl O.K.: Integrationskonzepte Betrieblicher Anwendungssysteme. Fachbericht Informatik 1/92 der Universität Koblenz-Landau 1992

Ferstl O.K., Mannmeusel Th.: Dezentrale Produktionslenkung. In: CIM-Management 11 (1995) 3, S, 26-32

Ferstl O.K., Sinz E.J.: Objektmodellierung betrieblicher Informationssysteme im Semantischen Objektmodell (SOM). In: Wirtschaftsinformatik 32 (1990) 6, S. 566-581

Ferstl O.K., Sinz E.J.: Ein Vorgehensmodell zur Objektmodellierung betrieblicher Informationssysteme im Semantischen Objektmodell (SOM). In: Wirtschaftsinformatik 33 (1991) 6, S. 477-491

Ferstl O.K., Sinz E.J.: Der Ansatz des Semantischen Objektmodells (SOM) zur Modellierung von Geschäftsprozessen. In: Wirtschaftsinformatik 37 (1995) 3, S. 209-220

Ferstl O.K., Sinz E.J.: Grundlagen der Wirtschaftsinformatik. 7. Auflage, Oldenbourg, München 2013

Fowler M., Scott K.: UML Destilled - Applying the Standard Object Modeling Language. 2nd Edition, Reading, Massachusetts, Addison-Wesley 2000

Franke W., Dangelmaier W.: RFID-Leitfaden für die Logistik. Gabler, Wiesbaden 2006

Goldfarb Charles F., Prescot Paul: XML-Handbuch. Prentice-Hall, München 1999

Günther H.-O., Tempelmeier H.: Produktion und Logistik. 9. Aufl., Springer, Berlin 2012

Jacobson I., Christerson M., Jonsson P., Övergaard G.: Object-Oriented Software Engineering. A Use Case Driven Approach. Workingham, England, Addison-Wesley 1992

McMenamin S.M., Palmer J.J.: Strukturierte Systemanalyse. Hanser, München 1988

Österle H.: Business Engineering. Prozeß- und Systementwicklung. Band 1: Entwurfstechniken. Springer, Berlin 1995

Rumbaugh J., Blaha M., Eddy F., Lorensen W.: Object-oriented Modeling and Design. Prentice Hall, Englewood Cliffs 1991

Scheer A.-W.: Wirtschaftsinformatik - Referenzmodelle für industrielle Geschäftsprozesse. Studien-ausgabe. Springer, Berlin 1995

Scheer A.-W.: ARIS-Modellierungsmethoden, Metamodelle, Anwendungen. 3. Auflage, Springer, Berlin 1998

Schulze W.: Workflow-Management für CORBA-basierte Anwendungen. Springer, Berlin 2000

Sinz E.J.: Das Strukturierte Entity-Relationship-Modell (SER-Modell). In: Angewandte Informatik, Band 30, Heft 5 (1988), 191-202

Tanenbaum A.S.: Computer Networks. Prentice Hall, 4th Edition, Upper Saddle River 2002

Sachverzeichnis

© Springer-Verlag GmbH Deutschland, ein Teil von Springer Nature 2018
H. Tempelmeier (Hrsg.), *Modellierung logistischer Systeme*, Fachwissen Logistik,
https://doi.org/10.1007/978-3-662-57771-4

Printed in the United States
By Bookmasters